美丽的地球
Timeless Earth

大河

Great
Rivers *of the* World

[意] 保罗·诺瓦雷西奥 著

郝道欣 译

CNS K 湖南科学技术出版社·长沙

图书在版编目（CIP）数据

美丽的地球. 大河 / (意) 保罗·诺瓦雷西奥著；
郝道欣译. -- 长沙：湖南科学技术出版社, 2024. 8.
ISBN 978-7-5710-2977-7

Ⅰ. P941-49

中国国家版本馆 CIP 数据核字第 20247ZL270 号

WS White Star Publishers® is a registered trademark property of
White Star s.r.l.
Great Rivers of The World© 2006 White Star s.r.l.
Piazzale Luigi Cadorna, 6
20123 Milan, Italy
www.whitestar.it

著作版权登记号：字18-2024-069号

DAHE

大河

著　　　者：[意]保罗·诺瓦雷西奥
译　　　者：郝道欣
出 版 人：潘晓山
总 策 划：陈沂欢
策划编辑：董佳佳　焦　菲
责任编辑：李文瑶
特约审稿：刘　伉　史悦丹
特约编辑：张　悦
版权编辑：刘雅娟
地图编辑：程　远　彭　聪
责任美编：彭怡轩
图片编辑：贾亦真
营销编辑：王思宇　沈晓雯
装帧设计：别境Lab
特约印制：焦文献
制　　版：北京美光设计制版有限公司
出版发行：湖南科学技术出版社
地　　址：长沙市开福区泊富国际金融中心 40 楼
网　　址：http://www.hnstp.com
湖南科学技术出版社天猫旗舰店网址：
　　　　　http://hnkjcbs.tmall.com
邮购联系：本社直销科 0731-84375808
印　　刷：北京华联印刷有限公司
版　　次：2024 年 8 月第 1 版
印　　次：2024 年 8 月第 1 次印刷
开　　本：710mm×1000mm　1/16
印　　张：20　　字　　数：410 千字
审 图 号：GS 京（2024）0654 号
书　　号：ISBN 978-7-5710-2977-7
定　　价：98.00 元

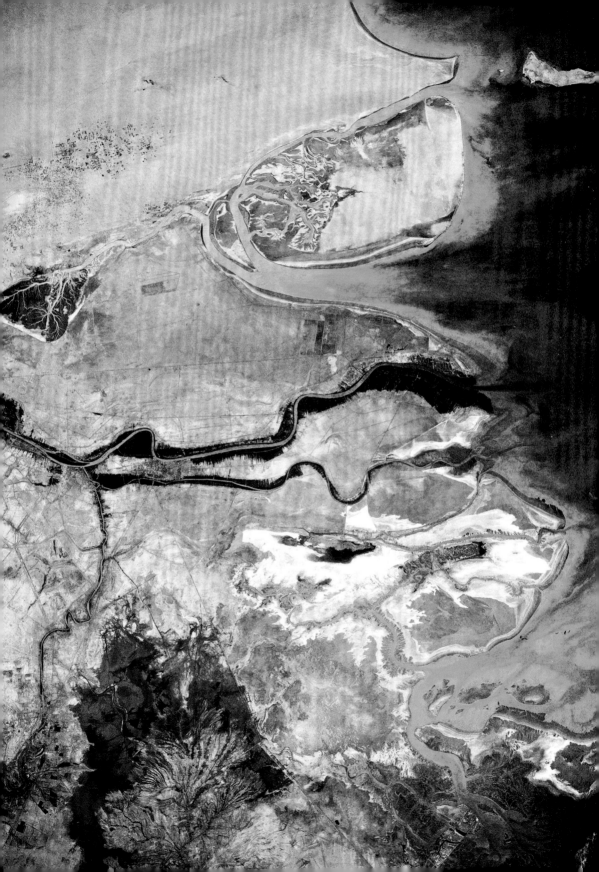

位于埃及曼苏拉和杜姆亚特之间的尼罗河三角洲东部分支。

巴黎塞纳河上的艺术桥。

奥地利多瑙河上的阿格施泰因城堡。

目录   **Contents**

阿拉斯加育空河与波丘派恩河的汇合处。

被中国黄河冲刷而成的狭长地带。

前言

　　沙漠中，干涸的河流向行走在干枯河床上的人们诉说着它们的故事。我们细细观察脚下的沙粒：若沙粒是圆的，那么它们就是风化的杰作；若沙粒是不规则的形状，则说明它们由水冲刷而成。在这里行走，我们往往并不清楚自己是否走在河床上，也不知道河流曾经从哪里流过。有时，只有在数千米长的河岸踟蹰时，我们才容易想象河流曾经的样子。就在这里，河水为我们留下了"幻影地层"（phantom strata）：被冲蚀的岩石、白色的矿物分层线以及光滑的孔洞和凹槽——这里曾有激流涌过，而低矮植物的倾斜方向则告诉我们河水的流向。

　　河流从不会消亡。一年之中，远处的山脉只需经历一次暴雨的洗礼，河水就能重新涨满，奔腾向前，对于流速较快的河流，这个过程仅需一天。活动在撒哈拉一带的图阿雷格人，在牧羊人和商队领袖中流传着这样一句谚语——"Aman, iman"，意思是"水就是魂"。在他们看来，河流生命的长短无关紧要，因为曾经奔腾而过的河水已为河床留下了足够植被继续生存的水分。从高处俯瞰，干涸的河流看起来像植被在河床上涌动不息。

　　在这些几乎全是绿色的小河中，我遇到了一条神奇的河，那是在9月的恩内迪高原上。这条如精灵般灵动的小河名叫阿歇伊，意为"总是充满水的地方"。虽然我只看到了一个巨大的山谷，那里长满了弯曲的刺槐和柔弱的灌木，但我知道，在河流狭窄的上游，一年365天，河水都像细线一样在岩石中间穿流而过，延伸数百米。阿歇伊河曾是加扎勒河的一条支流，发源于广阔的乍得湖，与尼罗河平行，一路向北流去。如今，这条河流已经干涸，一些半游牧民族在其沿岸毫无生命的沙丘上艰难度日，而乍得湖也已萎缩成一个池塘。其实，在并不久远的一千年前以及17—18世纪，加扎勒河曾经二度流向北部沙漠中的盆地，改变了那里的一切。科学家预测，若乍得湖水位上升2米，将足以使恩内迪沙漠变成绿洲。

　　在阿歇伊河附近，我偶遇了一个来自拜德亚特游牧部落的小女孩，她叫阿查，用一束黄色金雀花嫩枝遮着脸颊。她用这束嫩枝来收集小而圆的黑色野生小米粒，两天里，收集到的米粒堆成了直径70厘米、高35厘米的小堆。"今年的雨水尤其多，"她说，"河流会带给我们足够的食物。"在1292年，来自设拉子的伟大波斯诗人萨迪这样写道："从高山上狂奔而来的激流在悬崖处消失，最微小的水滴被太阳吸收并被带到天空中。"

尽管世界上所有河流的储水量仅占全球可用淡水450万立方千米的一小部分，但这些河流不仅是航路，流动的河水还蕴涵着巨大的动能。在变成瀑布从天而降之前，一路流向低处也说明其潜藏着巨大的能量。如人类一般，河流也拥有不同的起源。罗讷河发源于冰川中一条结冰的小溪，伏尔加河则来自沼泽。河水也可能起源于巨大的湖泊，如安加拉河就来自于贝加尔湖；而艾塔斯卡湖那样的小湖也可以是密西西比河的发源地。河流的源头还可能出自山侧，如谢南多厄河和波河，也可能以非对称的形式蜿蜒现身于草原，例如泰晤士河。而说到古老的尼罗河，自希罗多德的时代以来的2000多年里，其源头问题一直是一个未解之谜，值得付出一切努力去探索。

根据流体动力学原理，流动的水是一个对初始条件和构造非常敏感的复杂系统，没有任何方程组能够准确描述河水的运动，其流动路径也不可预测。河流系统初始状态中极其微小的变化，都会使之产生数学理论中的混沌行为。河流吸引着万物生灵，同时也是阻碍它们的屏障。人类最初在非洲大陆开始进化时，先是生活在森林中，然后移居至热带稀树草原，网状河流将不同的群体隔离开来，以镶嵌模式加速了人类的进化发展：某一地区的人类开始直立行走；另一处的人类则拥有了娴熟的手工操作能力；而其他地区的人类的颅骨有了质的变化。当河水干涸或河道改向时，一些障碍也随之消失，促使不同人种融合，产生新的基因和特征组合。

科学家们正是在非洲湖泊附近的河流（现今已干涸）沿岸，发现了最早的人类化石，其中一些化石已有400万年的历史。在流向肯尼亚图尔卡纳湖的纳里奥科托姆河沿岸，科学家们发现了人类的祖先——东非直立人的化石。那是一个9岁男孩，身高大概1.6米，如果他能活得久一些，也许能长到2米。在大约160万年前的一天，这个男孩步履艰难地来到河边喝水，他因上排臼齿左侧的脓肿（从头盖骨化石中可以明显看出）而高烧不止，这正是他的死因。冰凉的河水抚慰了倒在水中的男孩，河流冲积而来的沉淀物将他覆盖、掩埋。多亏了河流，才使得这个图尔卡纳湖男孩变为永恒的WT15000号化石——这是迄今发现的最完整的原始人类骨架化石。

如同人的生命一样，一些河流也会走到尽头。在非洲南部，奥卡万戈河的河道因地震而改变，无法汇入赞比西河，最终消亡在一片内陆三角洲中。那里有成千上万条小渠，河水澄澈透明，是众多珍奇动物的家园。沿着河道前行，河流的冲击力逐渐减弱，河水无力侵蚀河床，只是徐徐滑过，在马卡迪卡迪盐沼，河道越来越宽，最终只留下白色的淤泥。我们曾经尝试着跟随一群布须曼人跋涉到那里，好在我们未雨绸缪，中途预先停下补充了水分。相较而言，澳大利亚土著人的沙漠生存经验就丰富多了，他们总能知道如何利用周期性河流。这些河流为吉布森沙漠周围的死水潭（临时井）补给水源，或者从昆士兰的大分水岭向西流去，为澳大利亚中部的自流水盆地补给地下水。那些死水潭如海市蜃楼一般虚幻缥缈、行踪不定，但像土著猎人那样熟知图腾习俗的知道如何追根溯源以及如何生存下去。

河流是这个神奇世界的一部分，那些数不尽的晶莹水珠证明了这一点，从远古时期，非洲黑人就在河床里发现了这些水珠的稀少和珍贵。河流因其川流不息的自然力量和精神力量成为人类的工具。河流提供水源，有河流的地方催生了集权体制的帝国，专制管理使广袤的土地具有生产力，逐渐形成一个"水利社会"的模式。不朽的建筑和专制的政治体系都需要长期拥有和控制劳动力，来构建和维护水利社会的结构。一段公元前4000年的苏美尔文字这样记载："没有专制，就不会有城市诞生，河水也不会离开它们的河床。"美索不达米亚文明和埃及文明是典型的水利社会，远自巴比伦，近到纽约，这些城市（"文明"这个字眼产生了）都傍水而建，因河水而生，依赖河水存在。

密苏里河上建有一个又一个的人工湖，堤坝坚不可摧，翻腾的狂涛无法撼动钢筋水泥。如今，每年地球上至少有500座大坝落成，这意味着世界上超过60%的河水被人类控制、约束着。撒哈拉沙漠的贝都因人在洗礼时，用沙子代替水净身，他们这样表达"渴"的概念："一个人挖了一口井，找到了水。他还不满足，继续深挖，最后找到的只有灰烬。"

撰文/阿尔贝托·萨尔扎

蜿蜒穿过美国犹他州大峡谷国家公园的科罗拉多河。

巴西亚马孙河弯曲延伸的河道。

第一章

欧 洲

EUROPE

欧洲的主要河流除多瑙河外，大多流经从乌拉尔山脉至法国北部之间的大平原，其间一马平川，没有任何山脉阻挡。欧洲大陆的这一地区有两个主要中心点，河流从这两处扩散开来，呈辐射状分布：一个是从阿尔卑斯山脉到东喀尔巴阡山脉的山系；另一个是俄罗斯中部的丘陵地带。伏尔加河、第聂伯河和顿河流经宽阔的萨尔马提亚低地，那里低缓的坡度使这些水路适于航行，但由于它们最终流入封闭水域，如黑海和里海，因此经济重要性受到一定的限制。

那些流入大西洋的河流有更重要的商业航道的作用，如泰晤士河、塞纳河、易北河和莱茵河，尤其是莱茵河——从巴塞尔到瑞士边境，大型商船均可顺利通行。这些河流的三角洲地带日复一日沐浴着潮汐的洗礼，拥有欧洲的主要海港，如勒阿弗尔、伦敦、汉堡和鹿特丹，它们可以算是欧洲大陆的门户。

苏联时期开凿的人工运河网络连接了伏尔加河与波罗的海、黑海与白海。其他运河及其错综复杂的支线又将莱茵河、塞纳河与多瑙河连接起来。这样一来，新欧盟的工业中心就连通了边远的发展中地区。

相较而言，斯堪的纳维亚半岛上的水运网就不值一提了。因为那里的河流要么过于汹涌，要么只是流淌在众多的湖泊之间而已。地中海地区降水量较少，那里的河水流量也有限，夏季时分会出现超低水位，只有埃布罗河、罗讷河和意大利境内仅有的真正意义上的大河——波河是

例外。

几百年来，欧洲的主要河流扮演过边界、不同民族间的缓冲地带、繁忙的商业航道、人口迁移途径等多种角色。河流两岸兴起了繁华的城市和工业区，改变了其原本的自然面貌。对水资源的不合理开发带来了严重后果，如1951年，泛滥的洪水使波河河谷地区饱受其苦。到20世纪60年代，莱茵河、塞纳河及泰晤士河被列入世界上污染最严重的河流，成了名副其实的露天下水道。自此以后，河流的环境状况开始往好的方向发展，大西洋一些河口静寂多年之后，再次出现了鲑鱼，这使我们重获了对未来的希望。我们必须与河流和谐共处，这也是可行的，毕竟欧洲人已经与其和谐共生了数千年。

P8 左
在罗马尼亚多瑙河某条支流的河口附近，一艘渔船顺流而下。

P8 中
法国卢瓦尔河畔典雅的舍农索城堡。

P8 右
在意大利艾米利亚－罗马涅区沃拉诺的森林里，波河形成的沼泽。

P9
英国伦敦泰晤士河畔的国会大厦和维多利亚塔。

The Thames

泰晤士河
高贵的魅力

牛津
Oxford

伦敦
LONDON

Reading
雷丁

英 国
UNITED KINGDOM

多佛尔海峡 Str. of Dover

英吉利海峡 （拉芒什海峡）
English Channel (La Manche)

0   30km

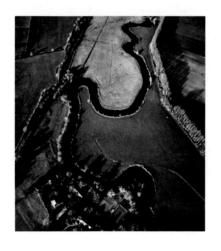

泰晤士河发源于英国格洛斯特郡科茨沃尔德丘陵的石灰岩高地上，但是它的发源地具体在哪里呢？持相反观点的两派对泰晤士河源头的精确位置展开了旷日持久的激烈争论，英国人甚至将这个议题提上了议会。官方最终在1937年正式宣布，泰晤士河发源于肯布尔村附近的泰晤士头。而这个源头几乎是干涸的仿佛倒成了无关紧要的小事。实际上，在其下游几千米处，一系列小河的源头在克里克莱德镇附近汇聚，这才渐渐形成了真正的泰晤士河。与亚洲、非洲和美洲的大河相比，这条英国最长的河流看起来也只不过是条小溪而已，它长

P10
在距源头30千米的格洛斯特郡的莱奇莱德附近，泰晤士河在黏土河床上安静地流淌，穿过纯净自然的乡村。自古罗马和撒克逊时期以来，这里的田园风光一直未曾改变。

P11 上
在肯普斯福德附近，泰晤士河流经的格洛斯特郡开阔郊野上，草地、树林和耕地次第分布，河岸旁与世隔绝的农家小屋和古雅的村庄避开了城市化进程的纷扰。

P11 下
泰晤士河岸旁寂静的莱奇莱德曾经是一个充满活力的河港，从伦敦来的装满货物的驳船常常在此停靠。如今，莱奇莱德是游艇爱好者频繁光顾的度假胜地。

338千米，水流平缓，没有真正意义上的支流，几乎不值得在地图上标注。但是对于英国人而言，泰晤士河的意义远远不只是一条内陆运输的水上通道，或一个度假消遣的好去处，它是国家的标志，是一种生活方式、思考方式和行为方式的象征。

泰晤士河穿越了整个伦敦。直到20世纪上半叶，伦敦一直是世界上最大的城市，是势力南至南非、东至缅甸的大英帝国的首都。从公元前1世纪中期，尤利乌斯·凯撒的罗马军团建立朗蒂尼亚姆城以来，这条河

P12-13
古老的牛津城位于泰晤士河与查韦尔河的交汇处，因著名的牛津大学而闻名于世。牛津大学博德利图书馆建于1602年，它拥有超过600万册图书和珍贵手稿。

P12 下
在牛津郡的戈灵小镇附近，泰晤士河流过伯克郡丘陵和奇尔特恩丘陵之间的峡谷，再蜿蜒穿过一个小山谷和一片曾经路径稀少的沼泽地向伦敦流去。

P13 上
牛津郡泰晤士河畔的亨利镇建于12世纪，坐落于泰晤士河左岸，曾是重要的商贸中心，拥有不少声名卓著的名胜古迹。

P13 下
牛津郡泰晤士河畔的田园风光最是秀丽迷人。河流蜿蜒流淌形成的美丽景色激发了雪莱、杰罗姆·K.杰罗姆和著有《爱丽丝梦游仙境》的刘易斯·卡罗尔等诗人和作家的创作灵感。

流就见证了英国历史上所有重大事件：撒克逊人、丹麦人、诺曼人等入侵者曾来到泰晤士河，在河畔战斗；《大宪章》（*Magna Carta*）作为奠定了西方民主制度基础的欧洲第一部宪法，也是在泰晤士河畔附近签署的。雾气蒙蒙、幽雅静谧的泰晤士河，给卡纳莱托、透纳等画家和不计其

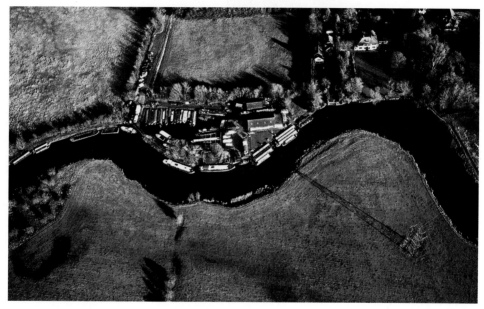

数的著名诗人、作家以灵感——包括珀西·比希·雪莱、查尔斯·狄更斯、奥斯卡·王尔德、鲁德亚德·吉卜林、刘易斯·卡罗尔、肯尼思·格雷厄姆等。在那里，格奥尔格·弗里德里希·亨德尔用《水上音乐》抒发对国王的颂扬；杰罗姆·K.杰罗姆的《三人同舟》（*Three Men in a Boat*）中激动人心的历险故事也设定在此。

泰晤士河从源头开始就充满了诱人的魅力和美好的回忆。由于修建了很多水闸，从距河流源头30千米处的莱奇莱德起，泰晤士河道就可供航行。如今，这里的水上交通工具大部分是观光游船，而曾经的莱奇莱德码头在过去的岁月里汇集了往来于伦敦及泰晤士河上游的大型货船，货船上载满了各色货物——伦敦圣保罗大教堂的圆形穹顶就是用来自莱奇莱德的石料建造的。

蜿蜒曲折的泰晤士河慵懒地穿过丘陵和绿色的田野，流向牛津及它与查韦尔河的交汇处。这里坐落着数百年来依然如故的小村庄，河水缓缓流经这片如世外桃源般的土地，不受任何外界的干扰，悠然、静谧而安详。牛津是一座迷人而富有情趣的欧洲城市，著名的牛津大学创立于12世纪，是英国最古老的大学，现拥有39所学院。众星闪耀的牛津毕业生名单上没有雪莱的名字，

P14 中
从1829年开始，泰晤士河几乎每年都作为著名的牛津—剑桥划船大赛的场地。

P14 上和下
在河中用长竿撑着标志性的平底船是牛津学生非常热衷的一种消遣方式，其中最受欢迎的河段是从莫德林学院起，沿查韦尔河一直到它与泰晤士河交汇处的愚桥。

P14-15
一座建于1786年的五孔桥在泰晤士河畔的亨利镇连接了泰晤士河两岸。这里的一座介绍泰晤士河及划船运动的博物馆展示了亨利镇与泰晤士河之间悠久而密不可分的联系。

P16 上
白金汉郡的马洛村是伟大的浪漫派诗人雪莱和他的第二任妻子玛丽生活过的地方。

P16 下左
伯克郡的首府雷丁是泰晤士河中游唯一的工业城市,有许多文化机构和一所著名的大学。

P16 下右
在梅普达勒姆,时间仿佛停止了流动,那里有布朗特家族的故居,还有泰晤士河上最后一座仍在运转的水磨。

P16-17
1515—1520年修建于泰晤士河畔的汉普顿宫,在17世纪末期被著名建筑师克里斯托弗·雷恩改造为一座豪华的皇家住所。汉普顿宫现收藏有当时最著名的意大利艺术家安德烈亚·曼特尼亚和乔尔乔内的绘画作品。

P17 下
温莎城堡下,一群白天鹅在平静的泰晤士河面上游动。"征服者威廉"于1070年始修建温莎城堡,后经多次改建和美化。城堡伫立在天然形成的平台上,俯瞰着泰晤士河。

缘于这位著名诗人发表了一本名为《无神论的必要性》(*The Necessity of Atheism*)的政论短册,在当时被视为丑闻,雪莱也因此被学校开除。牛津大学非常重视传统,传统的方方面面都要得到沿袭和尊重——包括与剑桥大学在学术研究领域的竞争和赛艇竞赛。自1829年以来,两大高校几乎每年都会依照传统举办赛艇对抗赛,赛程从帕特尼到莫特莱克,这一段泰晤士河河道开阔,还有一个弯道。在春天举办的赛艇对抗赛会吸引成千上万的爱好者,他们簇拥在河流两岸及河面任何可以立足的船舶上,只为一睹盛况。

用长竿撑着平底船沿河而行是英国人最喜欢的消遣之一:男人戴着草帽,女人穿着白衣服,打着遮阳伞,这不禁让人回想起杰罗姆书中所描绘的泰晤士河以及岁月静好的旧时光。牛津和温莎一带的田园诗歌及英国文学作品都充满激情地歌颂着这里的美妙:每道河湾,柳树树荫下的每道曲流,每一个小村庄都留存着动人且诗意的回忆。1889年,杰罗姆也许是在牛津附近的克利

P18-19
国会大厦全貌。它具有典型的哥特式或伊丽莎白式建筑风格，是伦敦西区的主要景观，坐落在泰晤士河左岸。

P19 上
泰晤士河蜿蜒穿过伦敦的卫星图。图中清晰地呈现出城市中心的大片绿地和公园。在泰晤士河的大转弯处（右侧）可以看到东区码头旧址，这是城市的另一个重要标志。

P19 中
圣保罗大教堂（左侧）是伦敦壮观的建筑之一，其设计灵感来自古典的帕拉第奥式建筑风格。

P19 下
英国国会大厦、威斯敏斯特宫和大本钟倒映在泰晤士河面上，威严庄重。威斯敏斯特大桥是横跨泰晤士河的27座桥之一，它连接着伦敦中心区和泰晤士河右岸的人口密集区。

夫顿汉普登的一个小酒馆里获得灵感，写成了他的那部名作。

　　故事讲的是三个男人和一条狗沿泰晤士河逆流而上的故事，他们想借着假期亲近大自然，一路上虽屡遭困境，却不乏幽默——作者对故事里的环境再熟悉不过了，因为他一生的大部分岁月就是在泰晤士河畔度过的。刘易斯的《爱丽丝梦游仙境》是在他带着朋友的小女儿在泰晤士河划船旅行中构思而成的。

　　这个小姑娘的性格很不寻常，她喜欢一边沿着泰晤士河岸散步，一边编织花环。有时，她会看到红眼睛的兔子突然从草丛中跳出来，在她眼前一溜烟儿地跑过。

　　雷丁是泰晤士河上游和中游唯一的工业城市，王尔德在此因同性恋罪名入狱，而两年后原告因作伪证被

P20-21
泰晤士河上的商业往来曾经很密集，这条河当时被诗人约翰·曼斯菲尔德称为"一条流动的大道"，但现在已风光不再了。塔桥是维多利亚时代一项伟大的工程，已成为伦敦受欢迎的旅游景点之一。

P20 下
多克兰区曾是重要的货物卸载点，大英帝国各个地区的货物都汇集到这里，现在变成了办公区和住宅区。

判有罪，雷丁也因此事而被世人所熟知。在更下游的马洛地区，雪莱为他那受尽折磨的灵魂找到了庇护所，他的妻子玛丽精心创作出了她的著名小说《科学怪人》。

在流经雷丁之前，泰晤士河的河床在奇尔特恩丘陵和伯克郡丘陵之间拥有丰沛天然泉水的戈灵峡谷中穿行，然后河道逐渐变窄。如今，位于伦敦盆地上的泰晤士河面宽阔，蜿蜒着向东流去，这里曾经是一望无垠的沼泽河谷。

在这里，具有田园风光和农业特色的泰晤士河在形貌和社会阶层上摇身一变，成为一条洋溢着贵族气息的河流。皇室成员及军事、政治、宗教界的领袖人物都选择在这片土地上建造他们的豪宅，远离拥挤不堪、空气污浊的市中心。温莎城堡绵延的射口墙伫立在天然高地上，俯瞰着泰晤士河。城堡被一座庞大的公园环绕，由11世纪末期的"征服者威廉"（即英格兰国王威廉一世）建造而成，几百年来历经多次改建和美化。现在它依然是王室官邸，而汉普顿宫则变成了一座博物馆。当年，枢机主教托马斯·沃尔西是英国最富有的人之一，他在1515年建造了极尽奢华的汉普顿宫，几年后将其赠予了亨利八世。17世纪末，著名建筑师雷恩重建了汉普顿宫。他文化涵养极为深厚，在1666年伦敦大火后的城市重建中起了主导作用。

紧邻伦敦城的里士满被金雀花王朝选作宅邸所在地，它地处汉普顿宫和温莎之间，历史因素使它显得尤其重要。金雀花王朝为英国的政治发展打下了坚实的基础，"狮心王"理查一世和约翰王是金雀花王朝的两位代表性成员。1215年，在兰尼米德与泰晤士河右岸临界的空地上，英国贵族强迫约翰王签署了《大宪章》，王室专

P21 上
未来主义的千禧穹顶位于伦敦东部格林尼治的泰晤士河畔，是目前最大的圆顶建筑。1999年12月31日，英国王室成员参加了它的开放典礼。它的建筑面积达80万平方米，其中大部分为展览区。

P21 下
伦敦塔桥的中央塔楼由两条有顶人行道相连，曾长期关闭，经修缮后重新向公众开放。这座著名的塔桥建于1894年，其独特的机械升降装置能在90秒内使桥面升起。

P22 上和中
泰晤士河口延伸向广袤无际的地平线，融入北海冰冷刺骨的海水。约瑟夫·康拉德将这波澜壮阔的原始风景描述为一条"通向地球尽头的水上公路"。潮汐一路逆流而上，能沿泰晤士河涌至伦敦上游30千米的特丁顿地区。

制主义的教条在欧洲历史上第一次受到了挑战。

几个世纪之前，撒克逊人在金斯顿为他们好战的国王加冕。离金斯顿不远的特丁顿船闸是泰晤士河的河口，也是最先迎来潮汐的地方。泰晤士河的潮汐河段长达140千米，涨潮时水位可升高7米，有时潮汐还能涨至更高，导致可怕的灾难。1953年的泰晤士河洪水将伦敦淹没，几百人丧生，造成的损失难以估量。为了防止伦敦以后再发生类似的悲剧，人们于1982年建造了一个高18米的移动屏障，放置在伍尔维奇距河口约50千米的河中。

泰晤士河流经大伦敦的河床由石头和水泥铺成。这里有27座桥梁、数条铁路和公路隧道。泰晤士河两岸矗立着著名的建筑和名胜：威斯敏斯特宫、伦敦塔、大本钟，它们都是悠久辉煌的文化的不朽象征。曾经，在这条"河水铺就的大路"上，满载货物的轮船在塔桥下来往穿梭；而如今，这里盛景不再，大部分运输转去了港口城市蒂尔伯里和其他可停泊远洋船只的沿海港口。狄更斯小说中环境恶劣的东区码头曾作为大英帝国各种资源聚散的主要物流中心，现在变成了住宅区和办公区。几十年前被认为死亡的泰晤士河如今获得了新生——影响河水质量的有机污染物和工业污染物几乎被清理干净，大西洋鲑鱼再次在泰晤士河中畅游，逆流而上。泰晤士河在格雷夫森德注入灰茫茫的北海，正如约瑟夫·康拉德所说："像一条永无止境的航道的开端。"

P22 下
许多宏伟的历史建筑是伦敦城郊格林尼治的代表性城市景观，它们沿着弯曲的泰晤士河分布排列。最有趣的景点包括国家海洋博物馆和古天文观测台，埃德蒙·哈雷曾在这里研究彗星，这颗著名的彗星后来便以他的名字命名。

P22-23
位于伍尔维奇河段的泰晤士河防护栏工程长达500米，用以保护伦敦免受猛烈潮汐引发的洪水的摧残。

P23 下
俯瞰着泰晤士河的原皇家海军学院被认为是英国巴洛克式建筑的代表。它建于17世纪末期，由雷恩设计，现在是格林尼治大学和圣三一音乐学院所在地。

The Rhine

莱茵河
欧洲的动脉

荷 兰
NETHERLANDS

德 国
GERMANY

鹿特丹
Rotterdam

杜塞尔多夫
Düsseldorf

科隆
Köln

波恩
Bonn

美因茨
Mainz

曼海姆
Mannheim

斯特拉斯堡
Strasbourg

列支敦士登
LIECHTENSTEIN

奥地利
AUSTRIA

巴塞尔
Basel

瑞 士
SWITZERLAND

库尔
Chur

法 国
FRANCE

比斯开湾
Bay of Biscay

0　75kr

位于莱茵河入海口的鹿特丹港，是欧洲第一大综合性港区，每秒钟有9吨的货物经过。在鹿特丹港，仅用于停靠部分来自波斯湾的大型油轮的区域，就和意大利的整个热那亚港一样大了。除了直接运往精炼厂的石油，这里还接受大量的大宗货物，包括小麦产品、工业产品、金属和建筑材料等，以及最为重要的煤炭和铁矿石，它们为德国的工业中心——鲁尔地区提供用于熔炉冶炼的燃料。鹿特丹乃至整个荷兰的繁荣都要归功于莱茵河。无数驳船一排接一排地沿着莱茵河顺流而下，不舍昼夜，永不停息。莱茵河就是欧

P24
前莱茵河汲取了从瑞士格劳宾州阿尔卑斯山流下的众多小溪，急匆匆地向与后莱茵河的交界处流去。真正的莱茵河始于下游不远处的赖谢瑙镇。

P25 上
海拔3000米的巴杜斯峰被积雪覆盖，静静倒映在图马湖湖面上。前莱茵河，即莱茵河的西部分支就发源于这个位于瑞士—意大利边界圣哥达山口区域的湖泊里。

P25 下
后莱茵河穿梭于附近迷人的风光中。这段河流起源于海拔3402米的莱茵瓦尔德峰的冰川，然后穿过狭窄的维亚玛拉峡谷。

洲经济发展的主动脉。

　　莱茵河有800千米的河道可供航行，深入内陆至巴塞尔地区，人工运河网又将莱茵河与东欧、西欧的其他主要河流连接起来。于是，塞纳河、罗讷河、易北河、索恩河、多瑙河以及它们所有的支流，共同形成了以荷兰港口为起点的大型内陆水运网，它们连接了罗马尼亚的布加勒斯特与德国的法兰克福，法国的马赛、波尔多与荷兰的阿姆斯特丹，德国柏林与法国巴黎。不计其数的公路和铁路在莱茵河谷纵横交错，与这张巨大的水上交通网交织在一起，如同运输锡、铜和

P26 上
莱茵河穿过有一定调节水量作用的博登湖，奔向壮观的沙夫豪森瀑布。瀑布临近瑞士和德国边界，高25米，被水雾和泡沫笼罩。

P26 下
过了库尔，莱茵河便进入一个宽阔的峡谷耕作区，有一较短河段是瑞士和奥地利的界河，然后，它向博登湖流去，水流变得越来越徐缓。

P26-27
斯特拉斯堡是法国下莱茵省的首府，其商业繁荣离不开莱茵河以及庞大的运河网。圣母院大教堂高耸的尖塔俯瞰着老城区，显得格外夺目。

P27 下
莱茵瑙村位于距德国边境不远的瑞士境内，坐落在莱茵河下游一条由沙夫豪森瀑布形成的较大曲流旁。河中间的岛屿上是一座本笃会修道院。

琥珀的古代贸易路线一样。接下来的几个世纪，基督教徒们沿着同样的路线，跨越阿尔卑斯山，向北方的异教徒们传教。

从久远的史前时期到现代社会，莱茵河对文化和文明的萌芽与发展起了巨大的催化作用，这里的文明从世界各地吸取灵感，甚至将看似不可和谐共处的文化调和在一起。莱茵河见证了著名城市的发展，大教堂的兴建，以及政治、法律、艺术和宗教等领域的革命性进程。马克思、伦勃朗、贝多芬、约翰内斯·谷登堡、海因里希·海涅和伊拉斯谟的生活

以及他们的著作都与充满活力的莱茵河地区紧密相连。但莱茵河的存在也具有两面性，或者更准确地讲，是具有两种相反的作用：它既能促进团结，又可能带来分裂。在漫漫的历史长河中，莱茵河常常扮演着国界线的角色，两岸的人民不惜一切代价去占领、保护它，造成了流血和纷争。为了保护罗马帝国的东部边界不受侵犯，尤利乌斯·凯撒在大约2000年前沿着莱茵河谷建立了第一道防御工事。阿兰人、汪达尔人、勃艮第人、法兰克人和匈奴人都曾为河岸的统治权而战，莱茵河见证了罗马帝国的陨落和法国加洛林

P28-29
莱茵河穿越美因茨下游的群山时，形成了一条险峻奇美的峡谷，被德国人称为传说中的"英雄峡谷"。理查德·瓦格纳的"指环系列"中的部分精彩片段便是从其壮美景观中激发的灵感创作而来。

P28 下
海德堡位于莱茵河的支流内卡河畔，是重要的工商业中心。

P29 上
德国美因茨下游的莱茵河沿岸耸立着许多城堡和要塞，它们见证了这里被中世纪多个独立王公城邦统治时期的动乱历史。

P29 下
德国边界旁的瑞士城市凯撒奥古斯特的水电站闸门截断了莱茵河航道。

王朝的崛起。

　　莱茵河的历史就是一部血腥入侵战争的历史。它是诺曼底劫掠者的通道，是罗马教皇与君主互斗的战场，是法兰西人和普鲁士人领土扩张的目标，也是欧洲快速发展的民族主义的象征和战略支柱。在20世纪初的几十年里，莱茵河变成了由钢铁和水泥铸成的战壕，从巴塞尔到卡尔

斯鲁厄的马其诺防线和齐格菲防线布满了机枪掩体和雷区，彼此恶狠狠地隔河相望。作为德国强大战争机器枢纽的鲁尔区成了为希特勒效劳的庞大的生产熔炉。埃森的克虏伯钢铁厂当时正在大批量生产大炮和坦克，机器发出的低沉轰鸣声，预示着有史以来最残酷的战争将席卷欧洲，莱茵河正是这个悲剧的主角。数千吨的炸药将鲁尔这座繁荣的城市炸成了废墟，公路和铁路遭到彻底破坏，莱茵河成了德国南北交通的唯一运输通道。经过艰难持久的战争，1945年3月初，同盟国才成功在波恩下游的雷马根攻破莱茵河前线阵地，对这最后一座堡垒的占领打开了通向柏林的道路，约两个月后，希特勒自杀，纳粹德国灭亡。波恩成了德国的新首都，莱茵河边界颇具争议的历史终于画上了句点，它又回到了国际矛盾调停者的角色。

　　仿佛是为了强调自己晦暗不明的命运，莱茵河有两条交汇的激流，一条是前莱茵河，一条是后莱茵河，它们都起源于瑞士格劳宾登州的阿尔卑斯山。后莱茵河源于阿杜拉山脉海拔2200米的冰川，在经过古罗马人称作"维亚玛拉"的狭窄峡谷时成形；前莱茵河发源于圣哥达山口的图马湖，并在离库尔城不远的赖谢瑙附近与后莱茵河汇合。在距博登湖的70千米内，总计有1500米的落差。在奥地利和瑞士的边界线上，莱茵河依然是一条湍急的高山河流，它快速穿过树林和

P30-31
德国宾根和科布伦茨之间的伯格卡茨城堡又称猫城堡，俯瞰着莱茵河畔。它修建于14世纪，1806年被法国人摧毁，后重建，现已成为一个颇具人气的旅游胜地。

P31 上
位于科布伦茨上游的斯塔莱克城堡散发着浪漫的气息。莱茵河的许多城堡已经改建为旅馆、饭店和博物馆。

P31 中
莱茵河的英雄峡谷长30千米，横亘于陶努斯山间，于19世纪重建的莱茵施泰因城堡便伫立在这环绕英雄峡谷的群山上。

绿色的牧场。流出博登湖的时候，河水似乎平静了一些，像它先前在湖中一样"成熟稳重"，但这只是假象。莱茵河继续前行一小段距离来到沙夫豪森，随后又一次变成了"朝气蓬勃的年轻人"，在充满泡沫的漩涡和弥漫的水雾中奔向咆哮的瀑布。

　　经过这么一番闹腾，莱茵河心满意足，继续向巴塞尔流去。巴塞尔是一个大型工业中心，也是瑞士唯一通向大海的门户。欧洲人文主义的领军人物之一、《愚人颂》的作者——鹿特丹的伊拉斯谟，就曾在这里生活、工作，并长眠于此。莱茵河在巴塞尔改变了方向和形貌：它急剧地转而向北，变成了流淌于200~400米宽的人工河床上的巨大通航运河。为满足人类的需求，经过一个世纪的改造，莱茵河航道缩短了大约100千米。然而这并不意味着莱茵河被驯服了。1993年和1995年的大洪水曾淹没了德国和荷兰的大片区域，由此能看出，人工治理后的河流依然桀骜不驯。

P31 下
普法尔茨城堡造型独特，是奇异的五角形，被称为普法尔茨伯爵石，是英雄峡谷中最迷人的建筑物之一。它位于莱茵河中的小岛上，便于当地贵族向水运通道上的过客收取买路钱。

　　过了巴塞尔，河水缓慢流过莱茵河大裂谷，那里分布着黑森林和孚日山脉低矮的山脊，河道与法国和德国长长的边界线相互交错。大裂谷是在5000万年前阿尔卑斯山脉形成时产生的，与莱茵河相伴而行400千米，直到与美因河交汇。在这段跨越阿尔萨斯平原的旅途中，莱茵河流经布赖萨赫，即位于布里西亚库斯山的古罗马城市，然后来到法国重要的交通枢纽和繁华的商业中心斯特拉斯堡。哥特式大教堂高耸的尖塔俯瞰着老城区，这里依然保留着中世纪的迷人韵味。斯特拉斯堡经运河网连通马恩河、罗讷河和塞纳河，它是制订河道航行法规条例的莱茵河航运中央委员会的所在地。

　　从卡尔斯鲁厄开始到三角洲地区，这段莱茵河河段属于德国领土，是莱茵河辉煌的中段。它流经诸多大城市和标志性建筑物，其中塔楼状的施派尔大教堂是欧洲最大的罗马式建筑，守护着5位国王的陵寝。过了施派尔就是海德堡，著名的海德堡大学就坐落在内卡河岸。接着就到了沃尔姆斯，1521年3月，那里召开了有德国的王储们参加的沃尔姆斯国会，国王查理五世在国会上极力劝服马丁·路德放弃改革宗教的想法。当时为了反对神职人员的腐败和赎罪券的兜售，马丁·路德掀起的宗教改革彻底终结了天主教在欧洲的独裁地位，随后他的理念沿莱茵河迅速传播开来，从荷兰到瑞士，径直将欧洲大陆劈成相对的两大阵营。

　　莱茵河在美因茨与美因河汇合，美因河通过1922年修建的大运河与多瑙河相连。如今，莱茵河流量可观且全年相对稳定，这主要归功于两大因素相辅相成的共同作用：夏季，莱茵河吸收阿尔卑斯山的融雪；冬季，大西洋降水丰富，内卡河、美因河、摩泽尔河、萨尔河及莱茵河中段的其他支流为它提供了充足的水源。美因茨的盛名与西方铅活字印刷术的发明者约翰内斯·谷登堡有关。1452年，谷登堡的印刷作坊出版了历史上第一本印刷书籍，名为《谷登堡圣经》或《四十二行圣经》，使用红黑两色分双栏印刷。第二年，德国印刷商将这种新技术传播到了整个欧洲，触发了一场人类历史上极具里程碑意义的文化革命。

　　过了美因茨，莱茵河在宾格湖遇到了陶努斯山脉和莱茵板岩山脉两大山脉。面临这些障碍，莱茵河并没有绕道而行，而是勇往直前，从悬岸峭壁和布满树木、葡萄园的山坡上劈开了一条通道，这条通道被称为"英雄峡谷"，即神话传说中尼伯龙根和齐格弗里德的领地，莱茵河深处埋

P32-33
圣彼得大教堂倒映在德国科隆平静宜人的莱茵河水面上。科隆是一个生机勃勃的港口，也是德国西部最著名的城市之一。建造这座宏伟的建筑历时超过6个世纪，直到1880年才最终竣工。

P33 上
美因茨是莱茵兰－普法尔茨州的首府，它的繁荣归功于其得天独厚的地理位置。美因茨位于莱茵河与美因河的交汇处，因众多著名的文化机构，特别是为纪念谷登堡建立的印刷博物馆而扬名。

P33 下
科布伦茨位于莱茵河与摩泽尔河交汇的战略位置，是领先的工商业城市。公元前9年，为了抵御日耳曼部落的入侵，古罗马人建造了此城作为防御前哨，几个世纪后才凸显出其重要性和名望。

藏着消失的龙和宝藏。这块神秘的莱茵河黄金之地为理查德·瓦格纳带来了音乐灵感，激发他创作出了"指环系列"中的第一部歌剧《莱茵河的黄金》。在寻找灵魂和神话特性的过程中，浪漫主义运动给莱茵河峡谷带去了生活于溪水和岩石之上的超自然生物：罗蕾莱（Lorelei），她仅仅出现在19世纪早期的诗歌中，是引诱男人走向毁灭和死亡的魔女。她在130米的高空中静静俯视着莱茵河，或许只是她俯瞰到的那些岩石不断鸣响产生的回音给予了海涅灵感，使他写出了一首关于这位致命女子的诗篇——《罗蕾莱》。

这条55千米长的英雄峡谷中交织着数不清的历史与神话传说，这道峡谷一路上点缀着许多城堡，它们的名字都能勾起人们的回忆，像猫城堡、鼠城堡、莱茵岩城堡、斯特伦贝格、毛斯城、龙岩堡，还有建于莱茵河中部一座小岛上令人不安的多边形法尔兹城堡。最终，莱茵河在科布伦茨与摩泽尔河交汇。这里是峡谷的延伸地带，环绕的群山抵挡了北风，充足的光照和温和的气

候造就了这片优质的葡萄酒产地。莱茵河穿过一片丘陵地带，来到了贝多芬的出生地波恩，然后到达科隆。那里的圣彼得大教堂（又称科隆大教堂）始建于1248年，但建筑工程时断时续，直到1880年才竣工。在第二次世界大战中，科隆市三分之一的建筑被夷为平地，圣彼得大教堂竟然避开了所有炸弹的轰炸，可谓奇迹。

从科隆到德国和荷兰的边界，莱茵河流经众多大城市和工业中心。莱沃库森、杜塞尔多夫、

P34-35
鹿特丹附近的金德代克一道独特的风景就是一排排的风车。莱茵河在流入荷兰一望无际的平原时分成数条汊流，在几个世纪以来被人工改造的土地上融汇了马斯河的河水。

P34 下
鹿特丹是一座具有未来主义建筑风格的现代城市，按照最先进的城市规划标准建造而成。城市港口位于莱茵河口附近，并在其周围延伸几十千米之远。目前无论是港口大小还是货物吞吐量，鹿特丹港都是当之无愧的欧洲第一大港。

P35 上
几个世纪以来，莱茵河畔的莱顿市都是荷兰的文化和学术中心。威廉·奥林奇在1575年建立了享誉全球的莱顿大学，同样久负盛名的还有莱顿市立博物馆和国立民族学博物馆，其中陈列着许多稀世无价的考古文物。

P35 中和下
代尔夫特哈芬是仅存的鹿特丹老城区，现在成了一个名副其实的露天博物馆，周围是广阔的工业区。老教堂耸立在福尔海文沿岸的历史建筑群中，以前常有清教徒移民在起航去新大陆前来此祷告。

杜伊斯堡、埃森和多特蒙德组成了世界上最大的城市聚集地之一。在这片区域，水上交通更为密集，鲁尔区接收源源不断的原材料，同时以惊人的速度输出大量成品。数十年来，大量污染物被排入莱茵河，把这条河流变成了一条漫长的露天下水道。幸运的是，这种状况后来有所改善。成立于1950年的保护莱茵河国际委员会以保护莱茵河为使命，现在已经取得了很大的阶段性胜利；消失了半个世纪的鲑鱼，同其他已在莱茵河消失多年的物种现在也已重返莱茵河的怀抱。

　　离开鲁尔区，莱茵河来到荷兰，在阿纳姆分成莱克河和瓦尔河两条支流，后者吸纳了马斯河的水。最后，河水带着贵族的庄重，静静消失在茫茫的北海之中。

The Volga

伏尔加河
俄罗斯之魂

下诺夫哥罗德
Nizhniy Novgorod

喀山
Kazan

俄罗斯
RUSSIA

萨拉托夫
Saratov

萨马拉
Samara

伏尔加格勒
Volgograd

亚速海
SEA OF AZOV

阿斯特拉罕
Astrakhan

黑海
BLACK SEA

里海
CASPIAN SEA

地中海
MEDITERRANEAN SEA

0   240 km

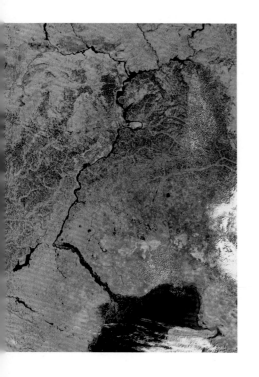

　　伏尔加河发源于瓦尔代高地，与芬兰湾的直线距离约为300千米，它穿过森林和草原，越过沙漠，最后抵达里海海岸，如同一双巨大的手臂环抱着俄罗斯。对俄罗斯人而言，伏尔加河就是他们的母亲河，他们的国家意识就是围绕着伏尔加河兴起并不断发扬光大的。不过，当"恐怖伊凡"（沙皇伊凡四世）占领喀山和阿斯特拉罕两大蒙古据点，并从鞑靼部落夺取伏尔加地区时，俄罗斯才成为一个真正意义上的统一国家。伏尔加河是欧亚大陆民族和文化的分界线，也是哥萨克人以沙皇的名义占领西伯利亚的根据地。伏尔加河中下游两岸曾经是农民起义的中心，如1670年至1671年斯捷潘·拉辛以及1773年至1774年叶梅利扬·普加乔夫领导的农民起义，都发生在那里。1918年春天，位于伏尔加河中部的萨马拉和辛比尔斯克（乌里扬诺夫斯克的旧称）起兵反对布尔什维克政

P36
这是伏尔加河从源头瓦尔代山到里海入海口的全景鸟瞰图。从中可以很容易找到伏尔加格勒和古比雪夫水库的位置；左下部是齐姆良斯克湖和顿河。

P37 上和下
这些照片清晰地为我们呈现出伏尔加河三角洲的壮阔，流入里海后，伏尔加河分成许多呈辐射状延展的河道，覆盖面积达20,000平方千米。在春天泛洪期间，水位会上升2米至5米，三角洲的形态也会发生巨大变化，从36页图我们可以看出：里海低水位时形成的沙洲已经完全被淹没了。

权：革命武装与反革命武装为争夺伏尔加河沿岸城市的控制权发动了一场残酷的战争。在血腥的察里津战役中，历史上最为顽强且铁腕的苏维埃领导人之一凸显了他高超的作战技术和必胜的决心，为了纪念这位伟大的领袖，这座城市后来以他的名字命名：斯大林格勒（今伏尔加格勒）。

P38-39
奥涅加湖上的基日岛现在变成了一座露天博物馆，为我们展示了俄罗斯历史的全貌。众多的运河连接了奥涅加湖和伏尔加河，并且可以通航到波罗的海和白海。

P38 下
数世纪以来，坐落于莫斯科东北方向的这个村庄一直保留着以往的生活节奏。从源头开始，伏尔加河就已经带着充沛的河水流向广阔无边的萨尔马提亚平原了。

P39 上和下
奥涅加湖的基日岛上古老的木结构建筑、风车和恬淡的生活场景，让人情不自禁地回忆起昔日苏联的田园生活。实际上，奥涅加湖地区成为以伏尔加河为中心的主要商业活动区的一部分，已经有相当长时间了。在20世纪30年代及战后时期，苏联实施了一项工程浩大的航运体系建设，将黑海与波罗的海、白海和里海连接在一起。

正是在这里，伏尔加河被证实为希特勒军队无法逾越的一道屏障。德国的战败成了第二次世界大战乃至欧洲历史上的一个重要转折点。

作为俄罗斯的脊梁，从中世纪早期起，伏尔加河就在俄罗斯的南北交通中扮演着重要角色。从北方的森林到里海地区干旱的陆地，伏尔加河及其支流形成了一个巨大的纵轴，将不同的地区

串联起来。生产多样性反映了伏尔加河流域气候和环境的区域差异，并影响着河流的运输。运输的商品中除了木材、小麦、羊毛和棉花，还有石油和工业产品。由于伏尔加河流域特殊的地形地貌，伏尔加河从入海口到源头几乎可以全程通航。尽管如此，它最终流入的是与现代主要贸易路线隔绝的内陆水域，因此经济发展潜力还是受到了很大的限制。

最早将伏尔加河与波罗的海、圣彼得堡相连的尝试可以追溯到沙皇时代，但直到20世纪30年代，伏尔加河才发生巨大的变迁。在斯大林的领导下，新苏维埃政权兴起了一项称作"五海体系"的庞大工程，即通过一系列通航运河将伏尔加河与苏联的主要河流连接起来，并分别通向波罗的海、黑海、白海、亚速海和里海。同时，一系列大型人工流域为苏联的五年工业计划提供所需的水力和电力，并为大面积的贫瘠土地提供足够的灌溉用水。经过50年持续不断的改造，伏尔加河发生了翻天覆地的变化。然而，原本期望的结果并没有出现。在平坦的萨尔马提亚平原上，依靠水闸和大坝形成的人工湖泊面积大却不深，这致使大坝涡轮机产生的电能比预想的少了很多，大面积的耕地也受到了洪灾的侵袭。并且，由于不能继续从伏尔加河获得源源不断的水源供给，里海的水面已经下降了25米。此外，大坝阻碍了鲟鱼迁徙，它们因不能到达繁殖地，数量急剧下降，因此用它们的卵制成的鱼子酱的产量也大大减少了。

如今的伏尔加河由大批水坝控制，为俄罗斯人民服务，契诃夫和高尔基小说中描写的那条狂野的河一去不复返了。契诃夫曾在蜜月时荡舟于伏尔加河上，高尔基也曾在船上打工，后来他在小说中生动地描写了当初亲历的那个绝望、困苦的俄罗斯。高尔基在喀山的冒险岁月里有一个叫夏里亚宾的朋友，夏里亚宾后来成为世界上出色的歌剧艺术家之一，他当时是教堂唱诗班的一员。《伏尔加船夫曲》本来只属于那些没有土地、穷困潦倒的农民，属于那些靠苦力为生的纤夫们，夏里亚宾用他那深沉而富有磁性的男低音，将这首歌深情演绎，传向了世界各地。在画家伊利亚·列宾的布面油画《伏尔加河上的纤夫》中，纤夫们每日疲惫的身影被永恒定格：前面是一排排衣衫褴褛、备受折磨的纤夫，在他们的背后，泛着金光的伏尔加河的碧波向远处延伸，逐渐消融于天际。

艺术、历史、政治以及俄罗斯所有的苦难和梦想都是伏尔加河不可分割的一部分。伏尔加河仿佛意识到了它所背负的沉重命运，因此，在海拔仅270米的发源地，它就直接步入了稳重的成年期。离开发源地不远，伏尔加河就成了一条羽翼丰满的平原河，宽阔而有深度，小船航行通过绰绰有余。在特维尔，伏尔加河流入伊万科夫水库之前，河面足有200米宽。1937年修建的长达128千米的运河将伏尔加河直接与莫斯科相连。之后不远处，河水流入雷宾斯克水库。其他运河以辐射状通向北德维纳河、奥涅加湖和拉多加湖，它们与白海和

P40 下
莫斯科西北部的伏尔加河上结着厚厚的冰，这位渔夫拿着大螺旋钻，要在冰层上钻一个孔，然后将鱼线放入冰冷的河水中。在北部地区，河水冰冻的时间极长，冰期甚至长达200天。

P40-41
伏尔加河畔的乌格利奇建于公元937年，一座座教堂的轮廓凸显在白茫茫的冰原上，格外醒目。其中一座是为了纪念伊凡四世之子季米特里修建的，他是为鲍里斯·戈杜诺夫登上皇位的王朝政变的牺牲品。

芬兰湾相通。从临近下诺夫哥罗德与奥卡河的交汇处，到伏尔加格勒，伏尔加被一座座大坝阻碍：来自乌拉尔山的卡马河在古比雪夫水库与伏尔加河汇合，这座大型水库面积达6450平方千米，约是德国博登湖面积的12倍。到了萨拉托夫，伏尔加河再无支流，河两岸高大苍翠的树木被了无生气的草原取代。第二次世界大战后，伏尔加河与顿河连通，实现了15,000千米的通航系统，横贯俄罗斯全境，将阿尔汉格尔斯克、北冰洋港口与敖德萨、圣彼得堡、阿斯特拉罕连通。

　　凭借内陆和亚欧大陆横向交通的战略位置，伏尔加河沿岸第一批商业中心城市应运兴起。雅罗斯拉夫尔众多的洋葱形圆顶东正教教堂正是由俄罗斯商人们建成。伏尔加河上游和奥卡河之间的雅罗斯拉夫尔、乌格利奇和科斯特罗马建于12世纪初，是古老的莫斯科大公国的核心区，几个世纪以来，一直是重要的经济和文化中心。伊凡四世将乌格利奇作为军事基地发动了一系列突袭，最终消灭了金帐汗国。16世纪90年代，鲍里斯·戈杜诺夫在乌格利奇的克里姆林宫刺杀了伊凡四世的小儿子，由此引发了一场戏剧性的权力之争，直到罗曼诺夫王朝的创建者上位才结束。1613年，迈克尔·罗曼诺夫正是在戈杜诺夫的家乡科斯特罗马加冕。

　　继续向下游走去，就来到了奥卡河与伏尔加河的汇合处，这也是马克西姆·高尔基的出生地——下诺夫哥罗德。不过，正是在喀山，高尔基试图开枪自杀之前，写出了《我的大学》一书。

P42-43
一座俄罗斯东正教教堂耸立在伏尔加河与奥卡河交汇处的戈尔基地区的办公大楼及港口建筑当中。这里工业污染严重，对伏尔加河中的鱼类构成了严重威胁。

P42 下
马卡莱修道院像幽灵一样现身于戈尔基市伏尔加河下游的河畔。众多的宗教建筑和圣像显示了俄罗斯人对信仰的虔敬，平常人家也会供奉这些圣像，并对其虔诚膜拜。

P43 下
从金帐汗国古都喀山现在的面貌仍然可以窥探到它的过去。我们可以从照片中看到城堡及新清真寺。后者是由沙特阿拉伯出资建造的，原址上那座老清真寺在1552年被伊凡四世摧毁。

鞑靼斯坦共和国的首都喀山象征着前伊斯兰政权的最北边隅，成吉思汗的后代拔都汗将它变成了蒙古帝国重要的城市之一。喀山被俄罗斯占领后，鞑靼人留了下来，依然是其主要人口。列夫·托尔斯泰在这国际性的环境中学习了哲学和东方语言。40年后，在同一所大学，列宁因被指控发动示威活动而被法学院开除。喀山、古比雪夫（今萨马拉）、萨拉托夫、陶里亚蒂（1964年前称斯塔夫罗波尔）和乌里扬诺夫斯克（旧称辛比尔斯克，因是列宁的诞生地而被更名）现在都是重要的工农业中心。

如今，伏尔加河沿岸洋溢着一片祥和安宁、自由的氛围，但是过去那悲惨血腥的痕迹在伏尔加格勒依然清晰可见：一座工厂被炸弹和机枪扫射后留下的废墟提醒着我们，这座城市的前身是斯大林格勒。希特勒想要不惜一切代价占领这座城市，而斯大林告诉他的士兵们：必须坚决抗击，直到最后一个人倒下。在这个遍地废墟的斯大林格勒，两军进行了长达5个月艰苦卓绝的激烈巷战。1943年2月，攻城德军投降，伏尔加河再一次拯救了俄罗斯。

过了伏尔加格勒，伏尔加河来到阿斯特拉罕的石油运输港口以及低于海平面30米的里海盆地。伏尔加河三角洲是一片充满勃勃生机的绿洲，那里交织着长达200千米的水路和运河。越过伏尔加河岸是一片荒漠，远远望去如海市蜃楼一般，地平线逐渐消失在通往中亚的干旱平原上。

The Seine

拉芒什海峡（英吉利海峡）
La Manche (English Channel)

勒阿弗尔
Le Havre

鲁昂
Rouen

巴黎
PARIS

特鲁瓦
Troyes

默伦
Melun

塞纳河
艺术的摇篮

法 国
FRANCE

比斯开湾
Bay of Biscay

0   65kr

P44
拿破仑三世下令塑造的这尊雕像标志着塞纳河的源头，它让人不禁联想到罗马女神塞宽娜的雕塑。

P45 上
埃菲尔铁塔被视为19世纪工程学上的大胆创新，利用经过科学验证的桥墩系统兴建而成，是法国巴黎的象征。它在1889年3月31日竣工，大约使用了8万吨钢铁。

P45 中
巴黎圣母院广场的方形钟楼庄严地耸立在西岱岛上，它是中世纪巴黎的中心。

P45 下
位于塞纳河右岸气势磅礴的卢浮宫总体建筑占地约20万平方米，最初是法国国王居住的宫殿。1793年立宪会议审议后，被改造成向公众开放的博物馆。（图中还捕捉到了法国巡逻兵飞行表演队从卢浮宫上空飞过）

　　塞纳河发源于巴黎，但其发源地既不在市中心也不在郊区，而是在离法国首都边界直线距离达200千米的朗格勒高原上，在勃艮第徐缓的群山之间。

　　19世纪，巴黎市政府购买了这片郁郁葱葱的塞纳河发源地。从那时起，这片区域便归为巴黎市的管辖范围。这是一个正确且恰当的致敬之举，因为法国之都的繁荣与富饶主要归功于塞纳河，它与巴黎城密不可分。

　　然而，塞纳河并不是法国最重要的河流，它的长度比不上卢瓦尔河和罗讷河，它所处的地理位置也非中心位置，从而未能成为法国的政治中心和商业中心。数百年间，一些其他城市如图尔、里昂和奥尔良，无论在政治还是经济上都超越过巴黎。尽管如此，巴黎每一次都能再次崛起，变得更加美丽、闪耀。巴黎是法国的心脏，是艺术、文化的多样性和卓越成就的象征，并以其民众单纯的"生活乐趣"而闻名于世。著名作家巴尔扎克将巴黎比作"一艘承载着智慧的大船"，牢牢停泊于流经它的塞纳河畔。

　　巴黎的卓越归功于它所处的绝佳的地理位置——塞纳河盆地中部。巴黎所处的位置如同漏斗的底部，是该区域各种交通要道的天然汇聚点。位于法兰西岛平原的巴黎被一些小山丘所

包围，事实上，从法国的各个地区都可以轻易到达这里。随着人工运河系统的建成，塞纳河、拉芒什海峡（又称英吉利海峡）的港口与法国其他河流以及通往比利时、德国重要工业区的莱茵河连接起来，塞纳河的中心地位愈显突出。巴黎本身就兴起于河水之上。被古罗马人称为巴黎西奥鲁姆城的凯尔特城，曾矗立在西岱岛上，现在取而代之的是巴黎圣母院。沿旧河道而建的城镇布局可以在某些方面显示出巴黎是一个以河流为基础而兴起的城市。玛莱区曾经是一片沼泽，它的命名就与此有关，而蒙马特尔区的名字则来自塞纳河边界典型的蒙马特尔高地。塞纳河的名字来自凯尔特语"斯宽（squan）"，即蜿蜒盘旋的意思，它很好地诠释了塞纳河的特点——河流全长776千米，但从源头到入海口的直线距离仅略多于河流一半的长度。它那弯曲有致的河道，特别是在巴黎盆地，就像一道有着相同波长的蜿蜒波纹。"斯宽"后演变成为"塞宽娜（Sequana）"，塞宽娜是高卢人对女神的代称，被罗马人在神话传说中借鉴，甚至在河流源头为她建立了神庙。

神话中，依水而生的女神塞宽娜被好色的森林之神萨梯追赶时流出了绝望的泪水，这些泪水变成了一条河流。

在一个人工洞穴内，女神的雕像凝视着澄澈的泉水，塞纳河就是从这里出发奔向海拔仅470米的溪谷。公元前52年，在塞纳河下游15千米的奥克索山爆发了阿莱西亚战役，凯撒率领的军团打败了韦辛格托里克斯，开始了对高卢人长达500年的罗马霸权统治。

P46 下
为向世界博览会献礼，1900年亚历山大三世大桥建成。大型桥墩上17个具寓言意味的雕像代表了"美好年代"（Belle Époque）时期装饰艺术的最高成就。背景是巴黎荣军院的圆形穹顶。

P46-47
新桥是巴黎古老的桥梁之一，于1604年亨利四世统治时期完工。新桥由两部分组成，将塞纳河岸与西岱岛连接起来。

P47 下
塞纳河与巴黎圣母院代表着巴黎的精粹。教皇亚历山大三世为宏伟的巴黎圣母院铺就了第一块基石。这项工程有上千名艺术家和工匠参与，历时157年才竣工。这座大教堂长130米，高70米。

P48 上

一艘经典的"苍蝇船"沿着塞纳河平静的水面划向巴黎中心的新桥。现在这些游船仅供游客观光使用，但在过去，它们每年能输送2500万乘客。

P48 下

位于西岱岛西部的巴黎古监狱俯视着塞纳河。在法国大革命期间，这座14世纪的法国典型建筑曾被用作监狱，因而变得臭名昭著。

P48-49

在夕阳的照拂下，巴黎圣母院的尖顶直入苍穹，壮观非凡。教堂内除了保存着重要的圣物，还有拿破仑加冕时所穿的礼服。

P49 下

巴黎最初是凯尔特渔民在西岱岛两岸的营地，如今发展成了世界上最大最美的城市之一。在图片中央的天鹅岛上，可以看到自由女神像的复制品。

尽管部族内部出现了不和与分裂，但塞纳河盆地的凯尔特人社会依然发达且井然有序。考古学证据表明，凯尔特人与地中海国家有频繁的贸易往来，经济繁荣发展。杜伊科斯河在沙蒂永汇入塞纳河，那里河面变宽，因此建造桥梁就很有必要了。我们几乎可以确定，在沙蒂永附近发现的"维村铜瓶"（Vix Vase）来源于希腊。这只双耳喷口青铜瓶高1.5米，重208千克，已经有2600多年的历史了。它经历了怎样的旅程，最终作为一位高卢公主的陪葬品沉睡于法国北部的森林里，其过程至今仍是塞纳河众多令人困惑的谜团之一。

灵动的塞纳河穿过勃艮第，流向古老的特鲁瓦城，进入世界著名的葡萄酒之乡——香槟区。生产香槟所需的特殊的自然发酵法和复杂的酿造工艺是在17世纪由一个叫作唐·培里侬的修道士发现的。过了特鲁瓦，塞纳河在一系列水闸的控制和导向下已经可以商业通航。流过开阔起伏的田园，塞纳河来到与约讷河的交汇处。在枫丹白露，森林和农田交替的景色被富有浓郁贵族气息的枫丹白露宫所替代。1528年，为弗朗索瓦一世建造宏伟的枫丹白露宫时，欧洲当时最为著名

P50-51
位于莱桑德利的盖拉德城堡俯瞰着峡谷。峡谷由塞纳河在诺曼底崎岖的低地上刻蚀而成。

P50 下
从塞纳河河口一直远至内陆560千米的塞纳河畔巴尔，八方货物经水运来来往往。塞纳河所经之处地势起伏低缓，水量稳定，易于通航。

P51 上和下
塞纳河盆地起伏平缓，周围是低缓的山丘，这片巴黎的郊区是从远古时代的海湾扩展演化而来的。塞纳河穿越地势较低的诺曼底平原时，河面宽阔平缓，慢慢向北海的河口流去。开阔的地带上，蜿蜒的曲流中间或穿插着短而直的河段，河水潺潺流淌在几个世纪以来被人类耕耘所改变的土地上。

的艺术家和建筑师——本韦努托·切利尼、维尼奥拉和罗素·菲奥伦蒂诺都参与了宫殿的建设。宫殿将意大利和法国文艺复兴的精粹集于一身，被乔治奥·瓦萨里誉为第二个罗马的光荣复兴。随后几年里，巴黎发生了翻天覆地的变化，成为名副其实的大都市：卢浮宫、巴黎植物园、卢森堡宫及其他许多不朽的建筑都诞生在这个法国历史上的黄金时期。

塞纳河的堤岸经过了修缮与加固，其中部分支流也可以通航了。其实，人们在几百年前就对河流进行了改造。早在911年，维京人首领罗洛就充分意识到了塞纳河作为内陆贸易航线的重要性，采取多种措施以巩固他的统治，包括改造塞纳河下游的河道、建设防洪堤坝、疏通河道使其通航至鲁昂港口等。而在这之前，他的祖先仅仅满足于乘着维京长船掠抢塞纳河沿岸的城镇。

塞纳河摄入的水量很有规律，整个流域虽然降雨频繁，但基本上降雨量平稳适中。与欧洲其他河流相比，塞纳河很少出现水位过高的情况，原因之一是塞纳河的水流落差不大，从巴黎到拉芒什海峡距离长达365千米，其海拔落差却只有25米。自圣日耳曼昂莱至巴黎郊区，塞纳河在广袤的平原上蜿蜒而行，一直延伸至拉芒什海峡之滨。在这片曾经被海水覆盖的石灰岩低地上，塞纳河在某些地方将河床冲蚀成了深深的洼地，不得不筑堤防护。河岸峭壁上常常矗立着城堡，比如在莱桑德利镇，盖拉德城堡的废墟雄踞于此，狮心王理查一世为保卫鲁昂这个亲英派的法国城市修建了这座城堡。圣女贞德正是在鲁昂一所受英国控制的法庭前被判死刑的，她像女巫和异教徒一样受尽非人的折磨，被活活烧死在火刑柱上，骨灰后来被扔进了塞纳河。

鲁昂港口是那些准备远洋的船只首先要到达的驿站，它既是一个海港又是一个河港：一日四

P52-53
鲁昂是滨海塞纳省的首府，也是塞纳河河口一个繁忙的港口，每年能吞吐3500～4000艘货船。这座城市以圣女贞德的殉难地而闻名，拥有法国最美的哥特式大教堂之一。

P53 上
塞纳河最深处达10米，这意味着远洋船舶能够沿塞纳河一直航行至距离大海120千米的鲁昂港口。所有超过45米长的船舶都需缴纳一定的领航费。

P53 中
一艘参加塞纳河纪念赛的帆船正经过诺曼底，热情的观众正在迎接它。维京人1000多年前生活在诺曼底，是他们最先发现塞纳河作为贯通内陆交通途径的重要作用。

P53 下
诺曼底大桥在塞纳河河口附近连接了河流两岸。大桥长2.1千米，中部跨度超过800米。这座桥应用了先进的技术，能够经受时速300千米的大风，于1995年向公众开放。

次的潮汐大小决定着塞纳河上的交通状况。成千上万的驳船在河口川流不息，它们通过总长8000千米的内陆水运系统，将各种各样的商品运往法国的每一个角落。船夫们都有很强的忠诚度，驳船既是他们的家，又是他们养家糊口的工具，并且这份工作通常是子承父业。塞纳河与瓦兹河交汇处的孔夫朗－圣奥诺里讷是这些逐水而居的人的中心城市。这里不但有车间和船只维修厂，还有咖啡馆、饭店、超市，甚至还有水上教堂和医院。

在诺曼底深邃而苍白的天空下，塞纳河悠悠流过鲁昂大教堂的尖塔，在科德贝克－昂科辉煌的大教堂与神秘的哥特式风格重逢。1858年，为支持勒阿弗尔港的发展，翁弗勒尔这座古老的港口被人们遗弃，艺术家布丹和克劳德·莫奈开始在油画中展现神奇的光线效果。就这样，在塞纳河消融于北部灰色海洋的地方，印象主义诞生了。

The Loire

卢瓦尔河
贵族之美

奥尔良
Orléans

图尔
Tours

南特
Nantes

罗阿讷
Roanne

法 国
FRANCE

比斯开湾
Bay of Biscay

大 西 洋
ATLANTIC OCEAN

0   80k

从塞文山脉到大西洋海岸，卢瓦尔河形成一个巨大的圆弧，仿佛要把法国一分为二。在中世纪的百年战争期间（1337—1453年），这条河曾是内陆边界：英国人联合勃艮第人占领了法国北部和塞纳河三角洲地区，法国国王则在卢瓦尔河南侧备战，决心驱逐侵略者以实现全国统一。巴黎沦陷后，法国国王将权力中心转向了卢瓦尔河沿岸，在打败英军后也没有重返巴黎，直到波旁王朝兴起。在这期间，卢瓦尔城堡成为王室的

P54

卢瓦尔河蜿蜒流淌在法国中部辽阔的平原上，在大自然无与伦比的美景中流动不息。河上几乎没有人造大坝或水闸控制河水的流向，它也是欧洲唯一一条躲过了过度商业开发的河流。

P55 上

卢瓦尔河的河道宽阔，有很多沙洲，每次洪涝过后，河道中沙洲的形状和位置都会有所改变。河水在卢瓦尔－谢尔省的肥沃土地上蜿蜒前行。和谐的自然风光背后其实隐藏着异常丰富多彩的历史背景和社会现实。

P55 下

过了奥尔良后，卢瓦尔河的部分河段流速加快，从种植水果和谷物的富饶乡村匆匆穿过。卢瓦尔河畔默恩的磨坊所生产的大量面粉，过去就是通过卢瓦尔河源源不断地运往目的地的，这促进了当地商业的繁荣。

华丽宫殿，也是皇权的象征，城堡内的构造如迷宫般错综复杂，许多影响法国国家命运的决定便是在这里产生的。几个世纪后的普法战争期间，卢瓦尔河成了抵抗俾斯麦军队猛烈进攻的最后一道防线。第二次世界大战之初，法国军队沿卢瓦尔河浅滩建造了一个桥头堡，来抵抗纳粹军团的入侵。这两次军事防御都失败了，但乔治·史密斯·巴顿将军直插莱茵河与德国中心地带，有效利用河水的湍流保护了盟军南部侧翼。

卢瓦尔河所见证的伟大历史时刻，如今看起来是那么久远沧桑，已经湮没于永恒的寂静中，但卢瓦尔河依然年轻、充满野性。在长达1010千米的旅程中，它经过了奥尔良、昂热、图尔等重要城市。位于卢瓦尔河口的南特是法国活跃的港口城市之一，通过人工运河将卢瓦尔河与塞纳

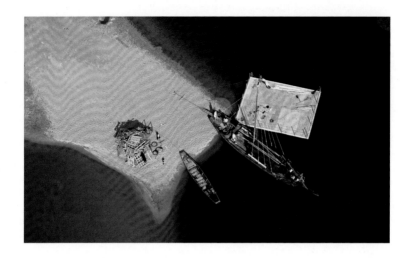

河、索恩河、罗讷河相连。法国有四座核电站使用卢瓦尔河水降温，这引起了环保主义者的警惕，但与困扰欧洲其他大河的问题相比，这些根本不值一提。卢瓦尔河上没有商业交通，沿岸也几乎没有大型工业区。为数不多的水闸和堤坝全部集中在上游，控制河水的流速。

卢瓦尔河从不遵循人为的规范和束缚，它是西欧唯一一条从发源地到入海口全程保持自然本色的河。20世纪中期之前，季节性工作的农民签署的协议中都有规定，每周食用鲑鱼的次数不得超过四次。虽然如今鲑鱼的数量不像从前那么多了，但依然数量庞大并且种类丰富。2000年，卢瓦尔河谷凭借美丽的自然风光、宝贵的艺术珍品和优质的环境，被联合国教科文组织列入《世界遗产名录》。

卢瓦尔河起源于法国阿尔代什省内一座火山的山脚

下，这座火山是典型的圆锥状，被称为热比耶－德容克山，或"迸发之堆（Sheaf of Rushes）"。卢瓦尔河快速向下游冲去，在山地牧场和中世纪堡垒废墟中的玄武岩河床上打开了一条通路。清澈的河水一路奔腾来到以疗养灵验著称的朝圣地勒皮。勒皮主教座堂是一座雄伟的罗马式大教堂，建于12世纪末，它躲过了法国大革命中的反宗教破坏，不得不说这是一个奇迹。过了勒皮，地形不再那么高低起伏了，取而代之的是气候湿润的福雷平原，在那里，卢瓦尔河与多条激流相互交汇融合。慢慢地，卢瓦尔河的河道越来越宽，河水在开阔的多沙河床上流淌着，水流也逐渐变得与周围的环境一样温和。如今，经过人们适当的改造，这片区域变得愈加温柔了。建筑和教堂不知不觉间从严肃的罗马式风格转变为张扬的哥特式风格，这是向文艺复兴时期的辉煌的一种理想过渡。

　　位于卢瓦尔河和涅夫勒河交汇处的讷韦尔，以生产锡釉彩陶闻名于世——曼托瓦的路易

P58-59

文艺复兴时期，位于奥尔良和图尔之间的卢瓦尔河流域成了法国的政治中心。国王、贵族和重要的宫廷官员在那里安家置业，沿卢瓦尔河两岸建造了许多美轮美奂、高雅华贵的府邸。

P58 下

叙利城堡修建于14世纪末期，伫立于卢瓦尔河畔一个罕见的浅水区附近，是亨利四世的财政大臣叙利公爵的府邸。

P59 上

在厚实的墙垣和深深的护城河的保护下，叙利城堡可谓是一处非常完善的中世纪军事建筑。在长达4个世纪的岁月中，它一直归叙利公爵的后代所有，如今已归卢瓦尔河地区并向公众开放，被用作文化展览场地或用来举办重要文化盛事。

P59 中

卢瓦尔河畔的日安镇位于路易十一于1484年为女儿安妮·德·博热修建的大型城堡脚下。这座简朴无华的城堡现在是国际狩猎博物馆所在地。

吉·贡扎加1565年时作为讷韦尔公爵，从意大利引进了制作釉面瓷器的复杂工艺。再向下游不远处，卢瓦尔河从阿列河收获了丰富的水源，向桑塞尔和拉沙里泰流去。16世纪，天主教和新教之间血流成河的战争惊扰了这里的群山，如今，曾经的血腥被覆盖于漫山遍野的葡萄园下，笼罩在深思和寂静中。接着，卢瓦尔河向北拐了个大弯，流向塞纳河盆地，布里亚尔运河将卢瓦尔河与塞纳河相连。

壮丽、水量富足的卢瓦尔河流过日安，即使河畔坐落着不少城堡和宫殿，这条河流却一如既往地保持着低调。日安城堡没有尚博尔城堡和舍农索城堡的奢华与张扬，也不像下游几千米处的叙利城堡那样戒备森严。日安城堡是路易十一的女儿安妮要求建造的。那时，各王公之间的领地战争刚刚结束，法国刚实现统一，因此节俭和庄重是当时备受推崇的品质，只有红黑相间的几何装饰稍稍削弱了整个建筑的朴素氛围。

到达奥尔良之前，卢瓦尔河出乎意料地在新堡变身为"工人阶级"，那里有一座有趣的海军博物馆。19世纪中期，河运迎来了黄金时代，那时有多达1万只船航行在卢瓦尔河上。但几十年后，铁路时代开始，河运的繁忙景象便骤然而止了。毕竟河运具有一定的不确定性，有时候洪水泛滥，有时候又会干旱肆虐。1933年夏天，图尔市的水位特别低，人甚至能轻松地蹚水走到对岸。跨过森林，迈过水塘点缀、野味丰富的沼泽，卢瓦尔河来到了奥尔良，这个地名的来历与圣女贞德的功绩有关。狩猎是一项考究的消遣方式，那些居住在"法国花园"里身份显赫的人们喜欢来这里进行狩猎活动。

P59 下
过去，卢瓦尔河的泛滥有极大的破坏性。1856年的那场洪水淹没了图尔的中心地区，周边的乡村也未能幸免，洪水积成了一个40千米长的湖泊。

P60-61
卢瓦尔河峡谷最大的建筑——尚博尔城堡是权力与典雅的绝佳融合。

从布卢瓦到昂热，卢瓦尔河沿岸到处可见富丽堂皇的城堡：从查理七世到弗朗索瓦一世，所有法国国王都在卢瓦尔河中部有住所。卢瓦尔城堡是一个时代的象征，它的建造并非出于防御目的，而仅仅是为了享乐。众多著名建筑师、景观园艺师和艺术家（大多是意大利人）将一座座不起眼的中世纪城堡改造成了文艺复兴时期艺术和建筑史上的杰作。

尚博尔城堡坐落于一个像巴黎那样大的巨型庄园中央，城堡有400多个房间、365扇窗户，塔楼和烟囱林立。这项工程，或者说这个极不理智的建造决定，令2000名工人从1519年至1539年，忙碌了整整20年。布卢瓦城堡总是上演着阴谋与暗杀的戏码，室内的八角形旋转楼梯可能是由达·芬奇设计的。这位意大利天才是弗朗索瓦一世的座上宾，他在昂布瓦斯城堡单调的高墙内度过了生命中的最后三年。昂布瓦斯城堡是在15世纪后期由查理八世兴建的，在一个多世纪中都是王室的主要住所。除此之外，河流沿岸还有宏伟而庄严的肖蒙城堡和舍农索城堡。舍农索城堡像一幅在谢尔河平静的河面上徐徐展开的画卷，宏伟壮观，但其背后却藏着一个远不够庄重的故事：这座城堡是亨利二世送给他的情妇黛安娜·德·普瓦捷的礼物，她在城堡周围建了一个美丽的花园。亨利二世去世后，王后凯瑟琳·德·美第奇终于有了报复情敌的机会，将其囚禁在了戒备森严的肖蒙城堡中，永不见天日。

过了图尔，卢瓦尔河接纳了安德尔河和维埃纳河的水。在阿宰勒里多、朗戈和维朗德里能邂逅更多美丽的城堡，它们矗立在有森林和溪流的宁谧田园风光中。

P60 下
15世纪末期，查理八世修建了昂布瓦斯城堡，它是法国王室钟爱的宫殿之一。

P61 上
昂热城堡修建于13世纪初，即路易九世统治时期。

P61 中
气势恢宏的卢瓦尔河冲刷着索米尔镇。索米尔宏伟的城堡俯瞰着整个小镇，那曾是强大的金雀花王室的居所。第二次世界大战期间，索米尔成了英勇抵抗德国侵略的主战场。

P61 下
一座经过多次重修和扩建的堡垒耸立在卢瓦尔河支流维埃纳河畔风景如画的希农镇。

由华丽的树林和花园环绕的舍农索城堡是由图尔的建筑师设计建造的，是亨利二世在1547年赠送给他的情妇黛安娜·德·普瓦捷的礼物。长60米、带弯顶的五孔桥横跨谢尔河，城堡旁边清澈的河水流向了如画的卢瓦尔河。

P64-65
曼恩－卢瓦尔省索米尔地区的卢瓦尔河河道宽阔、沙洲多变。河流两岸相距较远，在上面架桥并不容易。事实上，直到20世纪中期，这里仍在使用渡船。

P64 下
一条运河慵懒地流淌在河口附近气候潮湿的平原上，这个由卢瓦尔河形成的河口在遥远的过去曾多次被海水淹没。事实上，潮汐能沿河而上，深入内陆50千米，一直到达河运的终点站——南特港口。

P65 上和下
在这座位于曼丹的宏伟大桥建成之前，圣纳泽尔和圣布雷万之间的交通只能依靠渡船。这座令人叹为观止的大桥长约3.5千米，跨越卢瓦尔河口，高耸的中央桥柱至少有130米。这项前卫的工程取得了非凡的成就，它促进了圣纳泽尔港及边远地区的商业和城市发展，这些地区现在已成为法国主要的工业中心之一。

于塞的细长形塔楼充满了无可言喻的神秘色彩，它便是夏尔·佩罗创作童话故事《睡美人》的灵感来源。离开昂热城堡高大厚实的城墙，卢瓦尔河向南特进发。在进入大西洋宽阔的入海口之前，卢瓦尔河又接纳了最后两条支流——马耶讷河和埃德尔河，然后带着贵族气质，冷淡地投入了大海的怀抱。

The Danube

多瑙河
通向东方之门

德国
GERMANY

斯洛伐克
SLOVAKIA

乌克兰
UKRAINE

乌尔姆
Ulm

林茨 维也纳
Linz WIEN
奥地利
AUSTRIA

布拉迪斯拉发
BRATISLAVA

布达佩斯
BUDAPEST

匈牙利
HUNGARY

摩尔多瓦
MOLDOVA

罗马尼亚
ROMANIA

克罗地亚
CROATIA

加拉茨
Galati

比斯开湾
Bay of Biscay

贝尔格莱德
BEOGRAD

塞尔维亚
SERBIA

保加利亚
BULGARIA

大 西 洋
ATLANTIC
OCEAN

地中海 MEDITERRANEAN SEA

0   200km

希腊神话中记载，阿尔戈船英雄在寻找金羊毛归来的途中，沿多瑙河一直行进到离亚得里亚海最近的地方。后来，他们从那里驶离多瑙河，开始了海上航行。

这个神话点明了多瑙河的主要特征：它是欧洲自西向东流淌并最终注入内海的唯一大河。有史以来，它这种鲜明的地理特征就在历史创造中扮演着重要角色。作为通向东方的门径，在不同的历史时期，多瑙河的河谷一直是不同文化和民

P66
多瑙河在巴伐利亚州（拜恩州）绿色的山丘间蜿蜒流淌，在凯尔海姆流入狭窄的峡谷中，将高耸的白色石灰岩峭壁劈成两半。在凯尔海姆小镇附近，一条大型人造运河将多瑙河与美因河相连。

P67 上
在匈牙利，中世纪的村庄大毛罗什和维谢格拉德分别位于被称为多瑙河湾的左岸和右岸。这些村落是匈牙利艺术和历史的见证。

P67 下
美因－多瑙运河河道上驳船密集、水运繁忙。图为河流穿过巴伐利亚时的迷人风光。早在查理大帝时期，人们就萌发了通过水路将两条河流相连的想法，但这项工程直到第二次世界大战结束后才开始实施，并且过程困难重重。

族之间交流和发生冲突的地带。与莱茵河不同的是，多瑙河常常作为入侵军队通行的宽阔的天然走廊，它从未成为真正的战争前线，因为它众多的支流作为横向屏障阻挡了敌军深入内陆。

　　来自亚洲大草原的阿瓦尔人和匈奴人蹂躏了中欧地区。然后是令人望而生畏的反基督的蒙古战士：1241年，他们占领了匈牙利佩斯城，在圣诞节当日，拔都汗又带领他的军队横穿冰冻的多瑙河并占领了埃斯泰尔戈姆，直逼维也纳之门。多瑙河也被查理大帝统治下的法兰克人和前往耶路撒冷的十字军使用。护教战争中，奥斯曼土耳其人将多瑙河作为战略要道，数次战役给西方基督教造成了严重的打击。此外，哈布斯堡家

P68-69
在德国南部迷人的吕贝克小城，时间仿佛停止了流动。

P69 上
美因－多瑙运河航线于1992年开放，至此形成了一个横贯亚欧大陆的水运网络系统，通过莱茵河便可毫不费力地从鹿特丹港航行到遥远的黑海港口。

P69 上中
多瑙河倒映出诺伊堡著名的文艺复兴时期的建筑，诺伊堡是巴伐利亚州有活力的文化之都。

P69 下中
位于凯尔海姆的威尔腾堡本笃会大教堂是巴伐利亚州最古老的教堂。

族、拿破仑、希特勒的军队，以及苏联红军都曾在多瑙河沿岸作战。最后，在"冷战"时期，经过数百年的战争而血流成河的土地被"铁幕"所包围。多瑙河自此以后被分成了两部分，由带刺的铁丝网围护。所有企图控制多瑙河的政治力量中，唯有古罗马帝国曾从源头到入海口完全控制过整条河流。

多瑙河第二个独特之处恰恰是它那难以驾驭的天性：所有试图将多瑙河开发为一条国际航道并向所有国家自由开放通航和商贸的尝试都是徒劳的，都与残酷的现实相违背。直到苏维埃政权倒台和南斯拉夫分裂之时，八个国家和两大对立的意识形态阵营将多瑙河流域分裂开来。从19世纪初期的维也纳会议到1948年的贝尔格莱德会议，所有关于在多瑙河上的人员和商品流通的管理条约均以失败告终。事实上，从古至今，多瑙河的整个历史都笼罩着戏剧性的光环。南斯拉夫境内的种族冲突和"清洗"政策，以及北约组织对贝尔格莱德的轰炸，唤醒了我们一度以为已经从欧洲人的良知中完全泯灭了的战争幽灵。

P69 下
雷根斯堡位于雷根河与多瑙河交汇处，是巴伐利亚州备受瞩目的城市之一。其中最著名的遗迹是12世纪横跨多瑙河的石桥和哥特式大教堂。

此外，多瑙河因其自身的天然属性很难在当时自由通航。首先，多瑙河很长——从德国的黑林山到罗马尼亚的多布罗加地区，全长达2850千米，跨越了多种不同的环境，因而它的水量很不规则，且水情极其多变：旱期和汛期变换迅速，河水水位变化有时也很剧烈。

更麻烦的是冬季的冰冻问题。严寒的冬月里，厚厚的冰能连续数周阻碍河水的流动。简而言之，由于多瑙河反复无常的天性，它每年的航运量仅为7000万吨——远远低于莱茵河的2亿吨。当然，这种比较是不公平的，莱茵河穿过欧洲的经济中心区流向鹿特丹港，而多瑙河则途

曾囚禁"狮心王"理查一世的城堡守望着多瑙河左岸的迪恩施泰因镇。

经那些长期被排除在世界市场外而变得贫穷落后的国家，最后消失在内陆水域。然而，这两条河流的命运却比乍看起来更为紧密。它们不仅仅被一条运河连接在一起，更为其流域附近的国家带来了勃勃生机。

多瑙河起源于德国的黑林山区，那里离莱茵河下游不远，在某种程度上也可以说是莱茵河的一条支流。多瑙河是两条激流——布雷格河和布里加赫河在多瑙埃兴根合二为一的结果。像世界上其他著名的大河一样，多瑙河也有一个与传统有关的起源，人们忽略了地理要素，将多瑙埃兴根市政公园中心的巴洛克式喷泉作为多瑙河的源头：婀娜多姿的女神在多瑙河初入人世时就悉心照料着它，不久之后，多瑙河从地面上消失了，又在下游几千米之外再次出现。在多瑙

P70 下
奥地利申布海尔城堡伫立在坚硬的巨石上，静静俯瞰着多瑙河。城堡前的多瑙河航道曾经被一道铁链阻挡，为了能够继续航行，当时过往的商人和船主不得不留下通行费。

P71 上
巴洛克式的梅尔克修道院像船头一样向多瑙河延伸，占据着进入奥地利瓦豪河谷入口的关键位置。这个建筑是18世纪在本笃会修道院的遗址之上修建的，以其图书馆闻名天下。

P71 中
因河、伊尔茨河和多瑙河在巴伐利亚州的帕绍市汇合，帕绍市被这三条河一分为四，通过多座桥梁相互连接。帕绍大教堂建于15世纪，在巴洛克时期被彻底改造，以硕大的管风琴闻名于世。

P71 下
克雷姆斯镇位于瓦豪河谷的多瑙河沿岸。背景是高特维格的本笃会修道院。

河隐秘的行程中，部分水源经过秘密通道流入了莱茵河。当这段短暂的"地下恋情"结束时，多瑙河蜿蜒穿过德国南部广阔的耕地和树木繁茂的小山丘，首先到达乌尔姆——阿尔伯特·爱因斯坦的诞生地。乌尔姆的哥特式大教堂——敏斯特大教堂是世界上最高的钟塔教堂，有160米高。

当多瑙河流入雷根斯堡平原时，河面变得越来越广阔，它缓缓向凯尔海姆流去，在那里通过人工运河与美因河、莱茵河相连。很久以前，人们就梦想建立一条连接北海和黑海的内陆航道——1200年前，查理曼大帝命令成千上万的劳工挖掘一条被称为卡洛林渠的河道，它的遗迹如今在纽伦堡地区依然可见。从那时起，这项工程被多次提议，却一次又一次被搁置。直到1992年，这项工程才竣工并投入使用，实现了鹿特丹

港与多瑙河流域之间3500千米全程通航。在运河开通之前，多瑙河与雷根河交汇处的雷根斯堡是能够容纳大型船舶的最后一个河港。美丽的罗马式和哥特式教堂、市政厅以及雍容华贵的贵族府邸都见证着雷根斯堡自10世纪以来作为繁华的商业中心拥有的辉煌。

从那时到19世纪中期，沿多瑙河航行并非易事。浅滩、激流和暗礁常常威胁着船只和商人的安全。河谷常刮西风，这使得帆船航行举步维艰，向河流上游前进的唯一方法就是依靠一批牛或

P72-73
密集的商业交通并没有扰乱维也纳附近多瑙河两岸的原始森林及沼泽的宁静。这是欧洲中部最后一片未被污染的地方，由于其非凡的自然景观，这里已被划定为国家公园。

P72 下
布拉迪斯拉发旧称普雷斯堡，是一个重要河港，也是斯洛伐克在多瑙河上唯一的商业出口。1805年，拿破仑与奥地利的弗朗西斯二世在这里签署和平协议。

P73 上
每到春天，瓦豪河谷多瑙河沿岸的杏花开放，风景格外迷人。峡谷以出产优质葡萄酒著称，是奥地利受欢迎的旅游景点之一。

P73 下左
当流经维也纳以北的地区时，多瑙河已经成为一条宽达300米的大河。维也纳是奥地利的首都，是欧洲重要的城市之一，它以著名的圣斯蒂芬大教堂为中心向外逐步发展。

P73 下右
维也纳郊区的多瑙河畔，有许多国际组织办公机构的现代建筑，比如国际原子能机构、世界石油输出国组织和联合国工业发展组织等知名组织的办事处。

马在陆地上牵引船只艰难前行。海盗、土豪及地方当局征收的重税，都是多瑙河任何航行中必然会遇到的麻烦。

在帕绍，多瑙河接纳了因河的大量河水，离开德国进入奥地利。越过饱含贵族气质的林茨市，它又流向瓦豪谷地，那里可以称得上是漫漫旅途中最迷人的一段。然后，河流在阿尔卑斯山最后一个山坡上缓缓流淌着，偶尔会有岩石从茂密的树林里显露一角。多瑙河浅滩的山坡上分布着中世纪的城堡和修道院，包括梅尔克的本笃会修道院、沙拉堡城堡和申布海尔城堡，以及迪恩施泰因城堡的遗址。

迷人的图尔恩牧场将多瑙河引入维也纳，这是几个世纪前西方最后的壁垒。在1529年和1683年，这座城市的城墙成功地阻止了土耳其军队的进攻。维也纳是哈布斯堡王朝的首都，许多辉煌的纪念碑烘托出这座世界音乐的殿堂：海顿、莫扎特、舒伯特和马勒等著名作曲家，都创作出了不朽的音乐篇章，为这座城市增添了巨大的荣光。小约翰·施特劳斯创作了170首华尔兹圆舞曲，其中最著名的是《蓝色多瑙河》，它成为维也纳安详愉悦生活方式的永恒象征。

　　过了维也纳，在与摩拉瓦河的交汇处，东喀尔巴阡山脉的最后一段将多瑙河逼入一条狭窄的通道，这是通往广阔的匈牙利低地的入口，绵延数百千米，直至塞尔维亚北部和罗马尼亚边境。从布拉迪斯拉发到埃斯泰尔戈姆，多瑙河成了匈牙利和斯洛伐克的界河。接着，多瑙河一个急转弯径直南下，流入匈牙利肥沃的平原。这片平原宽阔、平坦，没有树林，曾经是哈布斯堡王朝的产粮区。右岸的布达和左岸的佩斯以高贵的姿态迎接着多瑙河的到来。曾多次遭到破坏并重建的布达佩斯，在河流沿岸呈现了它最美的古迹：渔人堡、国会新哥特式塔顶、圣马提亚教堂、布达皇宫，还有匈牙利统治者和哈布斯堡王朝的宫邸。多瑙河在莫哈奇离开了匈牙利，紧接着成为塞尔维亚和克罗地亚的国界。1526年，苏莱曼一世在莫哈奇一个不知名的平原上歼灭了匈牙利军队主力，建立了土耳其对该地区随后长达160年的统治。当多瑙河到达贝尔格莱德时，它正处于流向大

P74 上
布达位于多瑙河右岸的低山上，与左岸的佩斯共同组成布达佩斯城。图中前景是圣马提亚教堂。

P74 中
塞尔维亚首都贝尔格莱德位于萨瓦河和多瑙河的交汇处。由于这个地理位置具有重要的战略意义，这座城市曾遭受过无数次入侵，带给它巨大的破坏和伤害。

P74 下和P75 下
一系列的桥梁将布达与佩斯连接起来，共同组成了布达佩斯。多瑙河右岸的布达最初是为抵御1241年鞑靼人入侵而建立的防御城堡。左岸的佩斯曾是重要的商业中心，居住着许多母语为德语的移民。1873年，在哈布斯堡王朝的统治下，两个城市共同成立了行政管理联盟。

P74-75
布达佩斯的匈牙利国会大厦是世界上最大的新哥特式建筑之一，它建于1904年奥地利兼匈牙利国王弗朗西斯－约瑟夫一世统治时期。下游不远处的多瑙河一分为二，将玛格丽特岛环抱其中。

海的旅程中途，总落差只有100米。多瑙河在塞尔维亚又吸纳了德劳河、蒂米什河和萨瓦河三条水源丰富的支流，神气威武地向远处可见的高山流去。在塞尔维亚和罗马尼亚边境，巴尔干山脉与特兰西瓦尼亚的庞大弧形山脉相遇，将多瑙河挤压成石钳的模样：在这里，戈卢巴克城堡的遗址上笼罩着阴霾，预示着欧洲最深的峡谷即将到来——雄伟险峻的铁门峡谷宽100多米。几十年前，河水肆意猛烈地冲进这个开口，在被茂密森林覆盖的陡峭岩石之间激起巨大的旋涡。涡流、

P76-77和P76下左

250多种鸟类在多瑙河三角洲的沼泽和湿地找到了避难所。多瑙河三角洲是至少5条主要迁徙路线的通道,也是鸟类筑巢和繁殖的重要栖息地。除了北部和地中海物种外,还有来自亚洲和非洲的鸬鹚、火烈鸟、鹤类以及成群的鹈鹕栖身于此。多瑙河三角洲是生物多样性的天堂,这个复杂的生态系统还有许多秘密尚未揭晓。

P76 下右

铁门峡谷像蛇一样穿过喀尔巴阡山脉和巴尔干半岛,流贯其中的多瑙河成为罗马尼亚与塞尔维亚的天然国界线。这里的河流经常因来往的载货船舶而波浪起伏。

P77 上和上中

多瑙河三角洲上兼有泥沙小岛,丰茂的水生植物和茂密的森林是欧洲为数不多仍笼罩在神秘面纱下的地区之一。当河流即将在罗马尼亚流入黑海时,多瑙河分成三大汊流,形成了迷宫一般错综复杂的小湖和支渠,面积达5000平方千米。由于河水常年淤泥沉积,三角洲以每年40米的速度向大海推进。

湍流、峭壁和露出水面的礁石是通航的巨大阻碍。1972年，一座水坝阻断了多瑙河狂野的湍流，河水流入平静的人工湖。下游广阔的瓦拉几亚大平原用一望无垠的小麦和玉米地欢迎多瑙河的到来。公元1世纪，古罗马帝国占领了这片土地，当地人经历了长期而彻底的罗马化，例如，当地人所说的罗马尼亚语被新拉丁语取而代之。罗马帝国时期最大的桥梁是图拉真国王在多瑙河上修建的，它长达1200米，由20根石柱和水泥墩支撑，它的遗迹在塞维林堡（德罗贝塔－塞维林堡的旧称）附近依然可以看到。

　　出了铁门峡谷，多瑙河在河谷间徜徉流淌，河道越来越宽，变得更像一片沼泽了。从维丁到锡利斯特拉，多瑙河再次成为两国的界河——不过这次是在罗马尼亚和保加利亚之间。这时，距离黑海已经非常近了，仅有最后的100千米。但多瑙河没有径直流向黑海，而是转向北方，形成两条汊流。当它来到加拉茨时，多瑙河带着它全程共300多条支流中的最后两条——锡雷特河和普鲁特河再次转向，最终向东流去。真正的河口三角洲开始于图尔恰，在那里，多瑙河分成三条主要汊流——苏利纳河、圣乔治河以及与乌克兰接壤的基利亚河。众多的河流、湖泊、沼泽交织相连、无限扩大，是三角洲地区的显著特征，三角洲为各种各样的鱼类和候鸟提供了理想的栖息地，它们在那里筑巢交配、繁衍生息。这个庞大的天然绿洲从未受过破坏，是多瑙河送给欧洲的告别礼。过了最后一片泥泞的河滩与河口相接的弧形小岛，在水天相接、朦胧不清的水平线上，多瑙河似乎逐渐消融于虚无之中。

P77 下中和下
捕鱼是多瑙河三角洲居民的一项主要活动，罗马尼亚鱼市中一半的淡水鱼都产自这里。超过100种鱼类栖息在多瑙河水域和零星分布于三角洲上的大型盐水湖中。环境污染与过度的资源开发导致鲟鱼数量骤减，而鲟鱼的卵则是美味鱼子酱的原料。后来，人类建立了多瑙河三角洲生物保护圈，试图弥补过去对自然造成的伤害。

The Duero

杜罗河
信仰的边界

比斯开湾
Bay of Biscay

巴利亚多利德
Valladolid

波尔图
Porto

萨莫拉
Zamora

葡萄牙
PORTUGAL

西班牙
SPAIN

0   80km

距离索里亚几千米远的地方，几根断裂的石柱和贵族别墅的废墟是古代努曼提亚城的全部遗迹。公元前2世纪中叶，罗马人平息了卢西塔尼人和凯尔特伊比利亚人的大叛乱后，罗马帝国成了伊比利亚半岛无可争议的统治者。只有努曼提亚城凭借着坚不可摧的防御工事还在顽抗。公元前134年，西班牙北部的军事行动的指挥权被移交给了小西庇阿。小西庇阿决定采用断粮的策略来夺得这座城市。他烧光了努曼提亚城周围所有的村庄，用尖锐的树干堵住杜罗河，从而切断了城内守卫者的最后一条补给线。努曼提亚城被围困

P78
在西班牙和葡萄牙边境上，杜罗河深入狭窄的山谷，在难以接近的数百米高的岩壁中间流淌。这是杜罗河谷，是杜罗河从乌尔维翁山到大西洋长长的旅程中形成的最为壮观巍峨的峡谷。

P79 上
在西班牙萨莫拉省宁静的小镇托罗附近，杜罗河两岸是耕地和葡萄园。这片土地曾是基督徒对穆斯林浴血奋战的战场，现在却酿出了西班牙最好的葡萄酒。

P79 下
戈尔马斯附近广阔肥沃的卡斯蒂利亚平原上是一望无垠的麦田。一些人工湖中断了杜罗河的河道，为这片长期缺乏降雨的地区提供了大量的灌溉用水。

九个月后终于支撑不住了，它最终被彻底摧毁：城内的大多数居民誓死不做罗马人的囚徒，于是悲壮地自杀殉国了。

索里亚是老卡斯蒂利亚的一个省，地处西班牙中部崎岖的高原上，日晒以及严寒霜冻铸成了这片严酷的土地。老卡斯蒂利亚和莱昂以杜罗河为界，它们的教堂和城堡是基督教徒反对穆斯林的主要场所，因为有关收复失地运动的史诗中所描述的诗人和英雄人物就来自这两个地区。在赞美熙德的诗篇中，卡斯蒂利亚语渐渐变为这个国家的通用语言。西班牙人的性格和文化就是在这

P80 上

位于索里亚省杜罗河畔的戈尔马斯是边陲优美的地区之一，它见证了熙德的传奇功绩。阿方索六世赠予收复失地运动的英雄一座宏伟的城堡，城堡上有28座塔楼，俯瞰着整个村落。

P80 下左

佩尼亚菲耶尔城堡位于巴利亚多利德省东部边缘，城堡像一艘轮船，静静停泊在环绕着杜罗河谷的高原上。这座城堡重建于14世纪初，长200米，耸立在岩石顶端。

P80 下右

在巴利亚多利德省的托德西利亚斯有一座横跨杜罗河的中世纪桥梁。在瓜分新大陆之际，西班牙和葡萄牙就曾在托德西利亚斯签署了一份历史性协议，当时这座城市也是西班牙法庭所在地。

P80-81

萨莫拉是构成卡斯蒂利亚省的九大地区之一的首府，位于西班牙和葡萄牙边境附近的杜罗河畔。在萨莫拉市值得注意的历史遗迹中，有建于12世纪的大教堂和横跨杜罗河的石桥，石桥上有16个优美的拱形桥洞。

些历史和神话、信仰与务实主义的交织纠缠、互相融合中形成的。

　　杜罗河发源于伊比利亚山脉北段的乌尔维翁山，这道树木繁茂的斜坡将杜罗河流域与埃布罗河流域一分为二。杜罗河沿着狭窄多石的山谷向下行进，一路接纳了无数的小激流，而后来到杜鲁埃洛－德拉谢拉村。过了科瓦莱达后，河流变缓，杜罗河在更宽阔的河床上悠悠地向索里亚流去——那里曾是卡斯蒂尔王国的东部前哨。这条河在中世纪是穆斯林统治下的边界，后来逐渐变成了一条防御前线：从杜罗河畔贝兰加到佩尼亚菲耶尔，一连串不朽的城堡构成这片贫瘠高原的乡村中别具一格的风景线。为了确保这些城堡坚不可摧，人们将它们建在平原与世隔绝的岩石丁坝上，高墙环绕四周，墙的尽头是一个巨大的四边形要塞。其中一座城堡坐落在戈尔马斯，是被称为熙德的军事领袖德·维瓦尔开始其暴力生涯的地方。他12岁时为了复仇杀害了当地的领主，然后又娶了仇人的小女儿。熙德的一生充斥着接连不断的斗争，他对抗阿拉伯人胜仗连连，因此被圣徒、教皇和国王接见。这些都是民间流传下来的故事。另一方面，在部分历史学家眼里，熙

德只不过是一个投机分子，一个随时随地愿意为任何出得起好价钱的雇主效劳的雇佣军人，无论雇主是基督徒还是穆斯林。

星罗棋布的修道院和教堂令杜罗河谷圣洁而美丽，神秘色彩与信仰精神更使卡斯蒂利亚的美丽显现出来。位于索里亚的圣多明各教堂的罗马式外墙装饰着数以百计的雕像，这些雕像描绘了《新约》和《旧约》中的情节：在《启示录》《耶稣受难记》和《对无辜者的大屠杀》中，最引人注目的是1147年征服阿尔梅里亚的阿方索七世的雕像。

在阿尔马桑，杜罗河突然改变方向向西流去，这里的灌渠网可以灌溉数千平方千米的土地，这些土地用于种植谷物和葡萄。卡斯蒂利亚－莱昂自治区是西班牙最大的小麦产地，这里的杜罗河谷盛产的葡萄酒也享誉世界。许多阻断河道的大坝提供了充足的水力发电能源，在干旱时期也可以作为水库使用。西班牙北部的其他地区常年降水稀少，在炎热干燥的夏季，大多数河流都会蒸发干涸。此外，杜罗河有一个不稳定且相当反复无常的情况：以前，它在枯水期和丰水期的

流量在每秒钟最低2立方米到最高20,000立方米之间变化。而现在，随着一系列人工蓄水池的建成，情况得到了改善，生活在高原上的农民日子也好过了。不过，后来开凿的卡斯蒂利亚运河并不是为了农业灌溉，而是为了贸易——通过杜罗河的支流皮苏埃加河，西班牙产粮区的农产品通过桑坦德和比斯开湾港口出口。这项工程始于18世纪末，即斐迪南六世统治时期，大约250年后才得以竣工。如今，这条运河使坎波斯地区恢复了生机，500平方千米的粮食种植区得以灌溉，还为巴利亚多利德提供了城市用水。巴利亚多利德是该地区唯一的大型工业区，曾是西班牙王国的都城，也是西班牙国王的钟爱之地。1506年，就在巴利亚多利德，克里斯托弗·哥伦布在远离豪华宫廷生活的一条无名小巷去世。而命运多舛、贫困交加的塞万提斯·萨维德拉曾在这里度过一段短暂的时光，静心创作出了《堂吉诃德》。

　　来自坎塔布里亚山的皮苏埃加河、巴尔德拉杜埃河，特别是埃斯拉河为杜罗河提供了丰富的水源。而后，杜罗河继续它的旅程，在卡斯蒂利亚连绵起伏的平原上缓缓流淌。位于杜罗河右岸的托德西利亚斯是一个只有几千居民生活的静谧的小村庄。1494年，这里签署了一项条约，第一次将世界分为两大势力范围：这条在叫作"拉亚（raya）"的教皇办事处标记出的假想子午线（即"教皇子午线"）将大西洋一分为二。西班牙有权拥有这条虚拟边界线西侧发现的所有陆地，而边界线以东发现的陆地所有权则归葡萄牙所有。

　　一旦过了萨莫拉，杜罗河就变了模样，随着地势越来越陡，水流也随之加速。长120千米的杜罗河谷位于数百米高的陡峭绝壁之间，构成了西班牙－葡萄牙边境上最为壮观的景色。老鹰、秃鹫、黑鹳和游隼栖息在山谷中，四周的悬崖峭壁是伊比利亚半岛上最后一群野狼的家园。

　　杜罗河流入葡萄牙境内后被取名为"Duoro"。呈阶梯状分布的葡萄园覆盖着地势陡峭、阳光普照的海岸。波特酒就产自这里——民族酿酒传统是葡萄牙人的骄傲。波特酒里添加了白兰地——它可以影响发酵进程并保持酒中的糖分含量，将其倒进厚实的木桶，酒会慢慢发酵，直至味道甘甜醇正。再经过几百千米，杜罗河在葡萄牙的母亲城——波尔图流入浩瀚的大西洋。

The Po

波河
从阿尔卑斯山到汪洋大海

克雷莫纳
Cremona

都灵
Torino

皮亚琴察
Piacenza

费拉拉
Ferrara

托莱港
Porto Tolle

亚得里亚海
ADRIATIC SEA

意大利
ITALY

地中海
MEDITERRANEAN SEA

0   60km

与欧洲其他河流相比，波河似乎显得微不足道，它既不像莱茵河一样是重要的商业航道，也不具有像多瑙河与塞纳河那样重要的历史地位，而与波澜壮阔的伏尔加河相比，它看起来就像一条小小的溪流。然而，它的重要性并不取决于它的长度或流量，而在于它所流经的那片土地。波河流域是意大利经济发展的重心，也是欧洲经济发达、人口稠密的地区之一——波河流域集中了意大利三分之一的农业、畜牧业和工业生产，常住人口1600万。波河为庞大的人口提供电力能

P84
不朽的翁贝托一世桥建于20世纪初，它横跨波河，将都灵市中心和新门火车站与丘陵地区连接起来。桥上有四个装饰雕像，分别象征着同情、勇敢、艺术和劳动。

P85 上
从波河右岸苏佩尔加山上的基督教堂向远方眺望，都灵市从其兴起发展的那片平原逐渐消失在阿尔卑斯山脚下。波河从南向北穿过都灵城，融汇了桑戈内河、多拉里帕里亚河及斯图拉迪兰佐河。

P85 下
刚入都灵，具有中世纪风格的迷人博尔戈沉浸在瓦伦蒂诺公园的绿荫中，迎接波河的到来。这座令人赞叹的建筑建于1884年国际博览会，重现了15世纪皮德蒙特地区人们的生活片段。

源，为农田带去灌溉水源，同时它也是度假休闲的好地方。从法国边界到波河三角洲低地，波河沿岸零星分布着一些城市：有工业中心如都灵，也有菲亚特汽车制造商的所在地，更有一些令人心驰神往的艺术之都，如皮亚琴察、帕维亚、克雷莫纳、曼托瓦和费拉拉。

波河河谷的帕达尼亚（Padania，罗马人称之为Padus）平原是波河馈赠给人类的丰厚礼物。100万年前，这片平原还在温暖的浅海之下，一直延伸到皮埃蒙特大区的阿尔卑斯山脉边缘地带。后来地壳逐渐上升，气候变得更加多雨，河流的冲蚀作用加剧，沉积物渐渐填平了巨大的盆地，使其变得平坦而均匀。波河将河谷分成了两个不对称的部分。事实上，源于阿尔卑斯山脉

各支流汇成的河流比来自亚平宁山脉的各支流流速更快、流量更大，这使得波河的流向转向南方。双重的水量决定了波河的变化富有规律：春天，来自阿尔卑斯山的融雪源源不断地流入波河；到了秋天，亚平宁山脉的洪水会涨满整条河道。不要被波河表面的平静所蒙蔽，尽管从克雷莫纳开始，河水都流淌在高高的堤坝之间，但它的洪水常常会带来毁灭性破坏。1951年11月，波河的洪水冲垮了费拉拉下游的堤岸，3米深的泥水淹没了波河平原的大部分区域，最终形成了一个从罗维戈到阿德里亚的大湖，湖水甚至延伸到阿迪杰河。2000年，洪水袭击了皮埃蒙特大区：经过三个昼夜不停的暴雨，波河的洪水淹没了都灵的大片地区——生活用水被迫切断，桥梁关闭，公路和铁路交通也受到干扰。多拉巴尔泰阿河、奥尔科河及其他小支流的河水都漫延到乡村，导致10人死亡，10,000人无家可归，基础设施损失高达500,000欧元。

这场灾难的开始几乎是悄无声息的，就像皮埃蒙特人特有的低调一样。波河发源于科蒂安阿尔卑斯山脉的维索，皮安德尔雷的两大块长满青苔的岩石之间竖立着一个官方纪念碑，上面正式标注了波河的发源地，还标明了海拔2020米。但其实波河真正的发源地海拔更高——克里索洛村上方一系列的激流、小湖泊及其支流不断汇合、壮大。接着，河水向下游奔腾而去，仅仅35千米的路程就有1500米的落差。波河从雷韦洛和萨卢佐两个城市旁侧穿过，进入阿尔卑斯山前的平原。15世纪末期，古老的贩盐之路就是从罗讷河三角洲出发经过这个河谷来到萨卢佐侯爵领

P86 上
冬天，在皮埃蒙特区和伦巴第区交界，本来沿波河向下游航行的小船一直停泊在岸边。

P86 下左
从都灵到费拉拉的波河中游对波河河谷的农业至关重要。从图中可以看到曼托瓦地区大片的玉米地和大豆田。

P86 下右
波河从其支流汲取了充足的水源，在都灵下游的皮埃蒙特平原的沙堤中滚滚而去。

P86-87和87 下
春天，波河、塞西亚河及提契诺河之间的大片稻田被河水淹没。冬季来临，水面上又结了一层冰。

地边界的。著名的斯塔法达修道院标志着波河中游的开始，波河从这里开始向北方流去。河水在开阔曲折的河床上不断拓展，越过大片耕种密集的农田。远处阿尔卑斯山的轮廓越来越模糊，一排排杨树出现在视野中。在到达都灵之前，波河接纳了三条来自阿尔卑斯山脉的支流——马伊拉河、瓦拉伊塔河和佩利切河，吸收了三条支流的它气势愈发宏大。

都灵与波河之间的密切关系并不久远，直到拿破仑一世时期，都灵的城市功能才渐渐扩展提升，而不仅仅作为一个历史中心。城市内的主干道波河大街和波河对面的维多利奥广场都可以

P88-89
特雷比亚河在皮亚琴察的上游与波河汇合，皮亚琴察是艾米利亚－罗马涅区最西部省份的省会。

P88 下
克雷莫纳大教堂俯瞰着波河，顶尖耸入苍穹，映衬着低矮的波河河谷上方朦胧的天空。

追溯到19世纪初期。过了都灵，波河向东流去，来到蒙费拉托和帕韦斯地区美丽的群山。在基瓦索，加富尔运河将波河与提契诺河连接，并将部分水源引至韦尔切利富饶的稻田。波河与塞西亚河及塔纳罗河汇合后流向广袤的大平原。与提契诺河汇合之后，波河变得愈发庄重大气——铺满鹅卵石的河岸不见了，取而代之的是开阔的不断变化的沙岸。刚刚交汇的河流在一条河道中流淌，与河流相伴而行的高大堤岸离海岸还有一段距离。

从10世纪起，本笃会和西多会修士就着手改造波河沿岸的沼泽地，但直到20世纪初，这片湿地才成功转型为适宜耕种的田地，这一过程重塑了波河下游的景观。在皮亚琴察，利古里亚－

亚平宁山脉的最后一段向波河延伸，将马伦戈平原和艾米利亚地区分隔开来。公元前218年，在与特雷比亚河交汇处不远的狭窄道路上，迦太基名将汉尼拔率军战胜了罗马，赢得了他一生中的第一次伟大胜利。

波河共有141条支流，其中三条最大的支流位于皮亚琴察和曼托瓦之间，均发源于阿尔卑斯山脉中部，分别为阿达河、奥廖河和明乔河。为了生产纤维，曾经覆盖河岸和低地的树林几乎都被人工杨树林所取代。目前，只有法律规定的有限区域、自然保护区和生态公园还保留着波河的原始生态面貌，但这些区域的管理并非十分奏效。如今，人们正努力通过更合理的发展来修正曾经的过错——近年来罕见的洪水可能是由于河道过于闭塞导致的，这是由于河床上的沉积物比周围的平原还高。与此相反，三角洲地带却逐渐下沉到海平面之下。

波河三角洲上，它的五条大型汉流分离开来，在亚得里亚海形成14个入海口。迷宫一般的潟湖，藤丛和森林，构成了欧洲最引人入胜的环境之一。20年来，这里人们的话题都离不开波河三角洲的国家公园。波河正略带伤感却又满怀希望地翘首未来。

P89 上
费拉拉省梅索拉的埃斯特城堡修建于16世纪末期，位于三角洲一条重要汉流戈罗河的右岸。城堡被用作12千米长的围墙所环绕，曾被用作夏季的避暑山庄和狩猎行宫。

P89 上中
渔业一直是波河三角洲地区主要的经济活动之一。在科马基奥，渔民仍然采用传统的潟湖捕鱼的方法，即使用楔形围栏来围捕迁徙的鳗鱼和其他鱼类。

P89 下中
科马基奥地区的地平线一览无余，只是偶尔被一些渔民之家遮挡。波河三角洲特殊的地形形成了该地区广阔的潟湖，湖面如镜，宁静而优美。

P89 下
波河河谷是意大利的经济中心，那里横跨波河的大桥是公路、铁路交通系统中最为薄弱的部分。

第二章
非洲

AFRICA

　　我们只要朝非洲地图一瞥，便可以发现那里的河流网充分反映了非洲大陆的气候条件及地理特征。

　　撒哈拉沙漠以南的非洲如同一个巨大的高原，它的边缘，尤其南部边缘是一个接一个的悬崖峭壁。非洲的河流不具备穿越整个内陆的通航条件——河口可能出现飞泻而下的瀑布，还有周围布满的各种障碍物，都会阻碍通航，这些不利条件使探索非洲大陆成为一项长期而艰巨的任务。大约150年前，非洲大陆中部在地图上还是一片巨大的空白。尼罗河的源头从地理意义上来说至今依然是未解之谜，2000多年来都不为人所知。青尼罗河谷仿佛消失在埃塞俄比亚陡峭的群山中，直到1968年，它的踪迹才被一支有充足后勤支援的由英国士兵组成的部队在探险途中发现。大部分河流、湖泊集中在常年雨量充沛的赤道附近。在非洲，除了刚果地区以外，几乎所有的河流都会面临枯水期，雨季和旱季的流量差异显著。撒哈拉地区的河道系统一片混沌，它们退化成为网状的干涸河床，仅在极其罕见的情况下河水才会再次涨满。

　　尼日尔河与塞内加尔河是非洲西部仅有的两条重要河流，它们的部分河道完全处于干旱地区。非洲南部的沙漠，相同的地形结构反复、对称分布，看起来有些枯燥无味、缺少变化。发源于安哥拉山区的奥卡万戈河进入卡拉哈迪沙漠，形成了一个大型的内三角洲，数年来大量的雨水流进博茨瓦纳中部干旱的盆地。然而埃托沙湖却终年干涸，变成了寸草不生的盐湖泽，它北

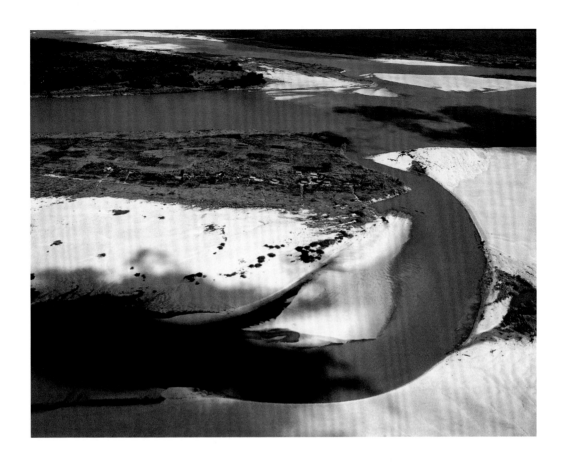

面唯一的支流还被从安哥拉和纳米比亚边界流向大西洋的库内内河"劫走"了。根据地质学家的预测，流向乍得湖的洛贡河将以相同的方式结束它的历程：它流向贝努埃河并借由后者滋养尼日尔河的水量日益增多——没有了河水注入，乍得湖也将从此消亡。除赞比西河之外，非洲南部重要的河流还有林波波河及奥兰治河，后者起源于德拉肯斯山脉，注入大西洋，全程长达2160千米。

P90 左
津巴布韦赞比西河上的维多利亚瀑布。

P90 中
流经刚果共和国首都布拉柴维尔的刚果河河口。

P90 右
埃及纳赛尔湖畔的阿布·辛拜勒神庙。

P91
尼日利亚尼日尔河畔的渔村。

地中海 MEDITERRANEAN SEA

亚历山大 Alexandria
杜姆亚特 Dumyāt
埃及 EGYPT
开罗 EL QÂHIRA（CAIRO）
艾斯尤特 Asyûṭ
卢克索 Luxor
阿斯旺 Aswan
红海 RED SEA

The Nile

尼罗河
文明之父

恩图曼 Omdurman
喀土穆 Al KHURTÛM
苏丹 SUDAN
塔纳湖 T. ana Hāyk
埃塞俄比亚 ETHIOPIA

南苏丹 SOUTH SUDAN
朱巴 JUBA

艾伯特湖 Lake Albert
乌干达 UGANDA
肯尼亚 KENYA
印度洋 INDIAN OCEAN

几内亚湾
Gulf of Guinea

卢旺达 RWANDA
维多利亚湖 L. Victoria
布隆迪 BURUNDI
坦桑尼亚 TANZANIA

0　　360k

闻名于世的尼罗河长6671千米，是世界上最长的河流。从来没有任何地理现象像尼罗河的源头一样，如此长久地困惑着人们，并使人们着迷。从实用的角度来看，尼罗河就像一个复杂的液压机，推动着赤道上的雨水穿过地球上最大的沙漠，直趋地中海沿岸。每年旱季结束的时候，河道上漫延开来的河水会淹没古埃及平原，留下肥沃的泥土，给两岸带来繁荣。这个上天带来的奇迹养育了数百万人。然而，古埃及人从未真正花心思去寻找尼罗河的河水究竟从何而来的答案，他们只是

P92
注入维多利亚湖的最大河流卡盖拉河上游向来以激流和瀑布著称。卡格拉河发源于海拔2400米的高山间，它的源头现在被认为是尼罗河的真正发源地。它是德国探险家伯克哈特·瓦尔德克在1937年发现的。

P93 上
尼罗河流经欧文瀑布大坝后，河面宽度已达300米，它从一个狭窄的山谷奔腾而下，在植被茂密的矮山中形成了万马奔腾、气势磅礴的壮观景象。

P93 下
尼罗河经过维多利亚湖后，进入乌干达森林，这是它以地中海为终点的漫长旅途的第一站。英国探险家约翰·斯皮克在1862年宣称：里彭瀑布是尼罗河的源头，但现在它已经被一个大型的人工湖泊淹没。

把尼罗河当作上天馈赠的礼物。的确,人们通过水位标尺来测量尼罗河的水位,并由此计算出地主需要交纳的赋税,因为河流赐予了他们肥沃的土壤,带给他们大地的丰收——不过这仅仅是古人的做法。

　　最早对尼罗河的发源地问题抱有兴趣的是古希腊人——探险家希罗多德沿着尼罗河逆流而上,最远到达阿斯旺,在那里他意识到再往前走就远远超出了他的能力范围。罗马人的探险也同

P94-95和P95 上
维多利亚湖畔森林繁茂，它是目前赤道非洲地区众多天然盆地中面积最大的一个。这个长370千米、宽250千米的大湖分属乌干达、肯尼亚和坦桑尼亚三国。卡盖拉河河口湍急的河水穿越维多利亚湖后汇入尼罗河。

P95 ①②④
成群的水鸟时常出没于植被繁茂、沼泽丛生的维多利亚湖岸边。这个大湖所在的盆地面积约70,000平方千米，是导致东非大裂谷形成的大规模板块构造运动的结果。维多利亚湖以19世纪英国女王的名字命名，当地人称为尼亚萨湖，字面意思就是"水"。

P95 ③
尼罗河在流入艾伯特湖之前一直被禁锢在狭窄的山谷中，当从乌干达北部40米高的卡巴雷加瀑布喧嚣着奔腾而下时，形成了湍急的水流和巨大的旋涡。当地居民将这鲁莽一跃称为"Bajao"，大意为"魔鬼的大锅"。

样以失败告终。根据当时最出色的地理学家托勒密的观点，尼罗河的源头在一个叫作"月亮山"的地方，那里地势非常高，常年被白雪覆盖。托勒密在2世纪时绘制了一幅著名的地图，并以惊人的精度描绘了这条河的流向。在此后漫长的1700多年里，人们没有任何有关尼罗河的重要的新发现。非洲腹地依然是一个虚构的地方，被人们想象成怪物和食人族的领地。直到19世纪初，欧洲兴起了一股探险热潮，尼罗河源头之谜一时间成为热门话题。

1862年，英国皇家地理学会的成员读到一封来自非洲探险者的电报，震惊万分。电报上的署名是约翰·斯皮克（John Speke），电报的内容简明扼要："尼罗河源头找到了！"而实际上，尼罗河的源头并没有找到。斯皮克的确看到一条大河从维多利亚湖流出，但他没有任何证据证明这条河就是尼罗河。此后的数十年，尽管会遇到难以想象的重重困难，但还是有探险队一次次出发前去寻找尼罗河的源头。当年，理查德·弗朗西斯·伯顿、詹姆斯·奥古斯特·格兰特、塞缪尔·贝克、戴维·利文斯通及亨利·莫顿·斯坦利等探险家排除万难，均各自发现了新的"尼罗河源头"，并因此多多少少获得了荣耀。在众多批评的声音蜂拥而至的情况下，斯皮克备受打击，其本人也在一次狩猎事故中不幸罹难，但事后调查结果显示，这次事故有明显的自杀迹象。几年后，人们在维多利亚湖的出口处立下了一块石碑，上面镌刻着模糊不清的铭文：此尼罗河发源地由斯皮克在1862年7月28日发现。事实上，关于尼罗河发源地的问题，可怜的斯皮克和托勒密一样，都只说对了一部分。之后，贝克认为尼罗河的源头在艾伯特湖，这时他离真相

已经不远了。

　　但实际情况更为复杂。1937年，尼罗河的发源地被官方认定为布隆迪群山中的卡盖拉河，它是维多利亚湖最重要的一条水源河，一座石头金字塔象征着它的历史身份。卡盖拉河从一个几乎是瑞士面积两倍的内陆海出发，一路径直向北。尼罗河从维多利亚湖流出后，穿过乌干达的山地，流入沼泽般的基奥加湖，然后到达点缀在东非大裂谷西部的最后一个湖盆——艾伯特湖。

　　尼罗河的另一个分支来自乔治湖，乔治湖连接着爱德华湖，而爱德华湖又通过塞姆利基河与艾伯特湖相连。这一段河流系统的水源主要来自鲁文佐里山——即传说中的月亮山上的雨水。尽管艾伯特湖距尼罗河的发源地非常遥远，但它是蓄积水源并形成杰贝勒河的两大水源地之一。杰贝勒河从这里开始向苏丹的低地流去。早在140年前，贝克就猜到了事实，但奇怪的是，他探索

　　　　　　　　　　　　　　　　　　　　　　　　　　　　　　　　　　　　　非洲

的范围仅仅局限于艾伯特湖北端，并没有进一步去验证他的理论推测。

　　贝克被认为是卡巴雷加瀑布最早的发现者。卡巴雷加瀑布位于维多利亚尼罗河汇入艾伯特湖上游的50千米处，它就像突然闯进来一样，猛地打断了维多利亚尼罗河。突然之间，河流被挤压在两块黝黑岩壁形成的沟壑之间，这里的宽度仅有6米，深度却达40米。瀑布下游不远处，河流逐渐变缓，成百上千的鳄鱼及河马悠闲地在泛着金光的沙滩上享受日光浴。该地区曾爆发连年内战，给野生动物的生存也带来了严重的威胁。大象和犀牛曾遭到大量的血腥捕杀，贪婪的猎人从中获得了成堆的珍稀象牙和犀牛角。幸而后来这种情况有所改善，如今在国家公园内外，野生动物的数量都很可观。

　　过了富拉急流之后，尼罗河就进入了苏丹平原。这是一片点缀着金合欢和多刺灌木的草的海洋，雨季时节，这里便蔓延成繁茂的、被雨水浸透的热带稀树草原。朱巴是这片孤立土地的中心地带，通常被称为"苏丹地区"（Bilad-es-Sudan），亦叫作黑人的土地。这里是一片自然资源极为丰富的宝藏之地，但在反抗者对抗喀土穆当权者强权的争斗中常常遭到破坏。这里曾经是走私象牙和贩卖奴隶的起源地，而现在主要出产矿物、石油，尤其是最重要的水资源。乘坐小船向北行驶1500千米，就可以从朱巴到达库斯提，这将是一段耗时长达8～10天的令人疲惫的旅程。没有人知道通过尼罗河的博尔河谷需要多久，因为那里的河面上长满了水草，如沼泽一般。阿拉伯人把它们称作浮游植物丛或"障碍物"，而贝克将它称作"冥王哈迪斯之河"——这里有波河河谷那样庞大的令人心悸的水上迷宫，随处乱窜的风信子，还有漂移不停的浮岛。对那些从喀土穆向上游出发的探险者和商人来说，浮游植物丛简直就像一场噩梦。1880年，意大利人罗莫洛·盖西被困在那里数月之久：这次远征的队伍一共约600人，但仅有四分之一的人活了下来。尼罗河有消失在迷宫般的运河和潟湖里的危险，那才是真正的内陆三角洲，当它从沼泽中出来时，流量已经减少了一半。

P96-97
登高远眺，苏丹南部的苏德沼泽看上去就像一个浩瀚无边的水上迷宫。由纸莎草和水葫芦组成的大型浮岛妨碍了尼罗河的水运航行，却为多种鸟类提供了理想的栖息地。

P97 下
三桅帆船是一种装有特制大三角帆的航船，几个世纪以来一直在尼罗河下游使用，日夜穿梭于喀土穆和纳赛尔湖之间的河道中。由于这种帆船吃水浅，至今仍然在苏丹的水运中广泛使用。

　　一个世纪以来，琼莱运河一直是人们热议的话题——它本应将尼罗河从博尔镇调配到370千米之外的马拉卡勒港，这样一来，既可以将水引到苏丹北部的干旱地区，还可以避开那些由密集的浮游植物丛形成的沼泽。琼莱运河的建设大约开始于30年前，但因被一系列有针对性的游击袭击而中断：南部的居民反对政府这项工程，因为他们的土地被征用，自己却没有得到任何补偿和收益。丁卡人、努尔人和希卢克人以畜牧和捕鱼为生，由于与外界隔绝，他们的农业生产仅能维持生计。这些地区的经济都建立在畜牧业的基础上，相互关联，相互作用。对他们而言，牛就是一切——它是社会活动的核心，是表达甜蜜爱情的媒介，也是衡量与外界亲密关系的准绳。丁卡人有750种描述动物特征的语词——动物的大小、颜色、耳和角的形状、性情以及其他任何牧民能发挥丰富想象的特征。夏季，丰富的降水将平原变为沼泽，季节性的放牧迁移路线不能继续使青尼罗河穿过被严重侵蚀的埃塞俄比亚高原。这一段大约有800千米的河流奔腾在狭长的山谷中，两侧的玄武岩峭壁甚至高达1000米。

旱季，尼罗河悄无声息地流淌在埃塞俄比亚山丘上（见上图），流量减至每秒10立方米。而一到雨季，谷底又完全是另外一番景象了（见下图），此时尼罗河的流量可达旱季的40多倍。河流裹挟而来的大量泥沙，使苏丹和埃及沿河两岸的土壤变得肥沃而丰饶。

用，因此，当地人集中生活在海拔较高的村庄中，周边的土地用来种小米和高粱。诺湖位于尼罗河与加扎勒河的交汇地，从这里开始，浮游植物丛的噩梦才算是终结。尼罗河在下游不远处接纳了吉拉夫河，与之合而为一，水源丰富的索巴特河又从埃塞俄比亚高原汇来至此，河流改名为白尼罗河。

过了马拉卡勒，河流径直穿过越来越干旱的乡村，这里的热带稀树草原视野更加单调，预示着沙漠景观即将占据主导地位。当河流抵达苏丹的首都喀土穆时，白尼罗河在宽广的河床上缓慢地流动。穿越沼泽时，汇集的植物碎屑将白尼罗河染上了乳白色。而另一头，裹挟着黑色泥沙的青尼罗河汹涌澎湃地涌入白尼罗河，正如通过水坝一般，河水突然

像被逼退了似的，变得胆怯了起来。青尼罗河从埃塞俄比亚高原中心地带的发源地开始，在1600千米的旅程中一路高歌猛进，并接纳了数百条小溪和支流。

青尼罗河发源于海拔2900米的戈贾姆山，那里冰凉的泉水清澈可鉴，被高地居民奉为神圣之源。从源头出发不久，澄净的青尼罗河很快就变得浑浊不堪，流出塔纳湖后，它的个性开始展露无遗。尼罗河从提西萨特瀑布直接跌下50米高的悬崖，让人胆战心惊的旋涡顿时激起腾腾雾气。接下来，它飞越过一系列险峻峡谷。在埃塞俄比亚剩下的旅程中，它继续奔腾，保持着亢奋的状态。某些地方，由河水冲刷形成的峡谷绝壁高达1500米。峡谷底部是难以涉足的，而激流也使航行变得异常危险。进入苏丹边界后，鲁赛里斯大坝在巨大的蓄水池中聚集奔流的河水。在杰济拉种植园里，成百上千亩土地由青尼罗河的水源通过人工运河网络灌溉，种植园盛产谷物、花生、甘蔗和棉花。这片肥沃的三角洲位于青、白尼罗河之间，是苏丹未来希望的象征。

尽管青尼罗河的部分水源分给了杰济拉种植园，但它仍然拥有可观的流量，这恰恰帮了它的"老兄"——白尼罗河的大忙，要穿越撒哈拉沙漠可离不了充足的后备水源。埃塞俄比亚的另一条支流阿特巴拉河也助了尼罗河一臂之力。即便如此，如果没有另一个重要因素的作用，也难以保证尼罗河能够"存活"下来——在撒哈拉地区，尼罗河沿天然运河或在河谷间流动，坚实的石壁可以防止河水的渗漏与外

P100-101
提西萨特瀑布是非洲大陆最为雄奇壮观的景致之一，在距塔纳湖下游不到10千米处，它猛地打破了尼罗河一如往常的平静。此处的尼罗河河道宽500米，河水猛烈地冲刷着河床上的岩石，形成雾气蒸腾的旋涡，即便从远处望去也依然清晰可见。

P100
别具一格的坦克瓦是一种完全由纸莎草制成的轻便小舟。自远古时代起，人们就在青尼罗河的天然湖泊塔纳湖上使用。塔纳湖的面积约为3600平方千米，最深处约14米。

流。正是由于这些因素的共同作用，尼罗河才能从其他穿越撒哈拉沙漠的河流中脱颖而出，哪怕在最干旱的时节也能持续流淌。

　　喀土穆和阿卡沙间的沿岸地区曾是库什王国的所在地，2500年前，它统治着努比亚甚至埃及的广大地区，在麦罗埃、纳加、穆萨瓦拉特和卡里马的沙漠中，人们发现了古老王国遗留下的金字塔、寺庙以及古城遗址。这里曾是商队主要的会合点，宽阔的尼罗河呈"S"状徐徐流过。如今，下努比亚的大部分地区都被非洲最大的人工水库之一纳赛尔湖淹没，大约有90,000人被陆续迁移到其他地区。在联合国教科文组织的努力下，阿布·辛拜勒神庙被分成小块，分别转移到比原址高60米的地方再重新组装，这可谓历史上最有魄力的考古救援行动。

　　阿斯旺大坝建于20世纪60年代，它将埃及从反复无常的尼罗河的束缚中解放出来，奠定了良好的工农业生产基础。曾经袭击尼罗河谷的周期性饥荒已经成为历史，这一切在过去是不可想象的。然而，任何事物都有两面性。尼罗河泛滥时携带的肥沃淤泥被大坝的石壁阻挡，致使农田

P102-103
阿斯旺水坝和卢克索之间的尼罗河两侧是大片的村庄、耕地和棕榈林。河水缓缓流过开阔而平坦的山谷，两岸宏伟的古神庙见证了古埃及昔日的辉煌。

P102 下
庞大的纳赛尔湖由阿斯旺水库上游的尼罗河冲蚀而成，它长500余千米，从努比亚沙漠中向远方延伸。纳赛尔湖的蓄水量大约是1.7亿立方米，因此即便在旱季也足以满足埃及的用水需求。

P103 上
尼罗河经过4000千米的路程后到达阿斯旺，浩浩荡荡地进入埃及境内。这一河谷成为一片宽度不超过20千米的肥沃地带，周围是撒哈拉沙漠以及被长期日晒而钙化的低矮石山。

P103 下
在阿斯旺，尼罗河蓝色的河水中浮现出醒目的岩石群岛，这个地方曾是古代赛伊尼城的所在地，努比亚王国的入口。正是在这片北回归线上的地区，古希腊数学家和天文学家埃拉托色尼于公元前230年以令人惊异的精度计算出了赤道的周长。

　　　　　　　　　　　　　　　　　　　　　　　　　　　　　　　　　　非洲

面临盐碱化的威胁，三角洲地区也受到海水的不断侵蚀并以惊人的速度退化。许多鱼类在这个过程中灭绝了，而死水又会加速危险疾病的传播。阿斯旺大坝建成以后，尼罗河在静谧的乡村缓缓流淌。这段远离大海1200千米的河流能把我们带进时光隧道，体验另一种旅行。这里有伊德富神庙、考姆翁布神庙、底比斯都城、卡纳克神庙，还有在1922年发现图坦卡蒙之墓的帝王谷——坐在船上，你甚至可以看见尼罗河岸上，这位不朽的埃及法老款款离你而去。这里神庙和巨像的遗迹不像开罗周边那样集中。离开首都不久，尼罗河一分为二，一条通向拉希德，另一条通向杜姆亚特，它们共同形成一个三角。古希腊地理学家将它称之为三角洲，发音就如希腊字母表中第四个字母"δ"——就这样，三角洲为这条辉煌的大河划上了完美的句号。

卢克索神庙威严地耸立于尼罗河右岸，河畔簇拥着各式各样的船只。除寺庙之外，其他明显的古迹有阿蒙霍特普三世神殿，巍峨壮观的大柱廊，拉美西斯二世不朽的桥塔以及连接卡纳克神庙与狮身人面像的永恒的林荫道。

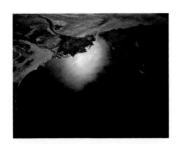

P106 上
从高空俯瞰，尼罗河三角洲展现出一个完美的扇形，面积约23,000平方千米，咸水潟湖如同光彩夺目的项链点缀其间。尼罗河的两条主要汉流——杜姆亚特河与拉希德河分别位于它两侧。

P106 上中
尼罗河繁忙的水运与现代化的桥梁相结合，将罗达岛上的扎玛莱客住宅区与开罗商业区连接在一起。

P106 下中
从尼罗河的达米艾塔汊流一直延伸到苏伊士运河入口处的塞得港，数以百计的生长着水生植物的小岛犹如繁星般点缀在曼济莱潟湖上。

P106 下
撑着白色三角帆的三桅帆船是尼罗河三角洲与众不同的景致之一。

P106-107
在即将到达三角洲的河段上，尼罗河拐了个大弯，行进于广袤而肥沃的耕地间。

The Niger

尼日尔河
生命的馈赠者

马里
MALI

通布图(廷巴克图)
Tombouctou

加奥
Gao

尼日尔
NIGER

尼亚美
NIAMEY

几内亚
GUINEA

巴马科
BAMAKO

贝宁
BENIN

尼日利亚
NIGERIA

洛科贾
Lokoja

哈科特港
Port Harcourt

大 西 洋
ATLANTIC OCEAN

几内亚湾
Gulf of Guinea

0　　180km

尼日尔河是仅次于尼罗河和刚果河的非洲第三大河，全长4200千米。塞古下游的尼日尔河受一连串内陆三角洲的阻碍，在穿越非洲西部腹地时绕了个大弯才从几内亚山区来到贝宁湾。

从地图上看，河流曲线的顶点直入撒哈拉沙漠，给这片地球上最贫瘠干旱的土地带来了水与生命。在这趟看起来冗长而乏味的旅程中，尼日尔河跨越了多种多样的地理环境——从热带雨林到苏丹热带稀树草原，接着到达萨赫勒的荒山野地，最后来到沙漠，而后继续向

P108和P109 上
尼日尔河从塞古向北延伸，形成了一个大拐弯，周围是贫瘠的撒哈拉土地。它流经广袤的沙漠，没有任何支流补给水源，因此水量日益减少。这里没有可靠的交通方式，河流两岸寥落的村庄必需依赖河流和商队才能得以生存。

P109 中
在一年的大部分时间里，只有乘船才能到达马里的尼日尔河内陆三角洲的村庄。到了雨季，几内亚山脉的降水变得丰富，尼日尔河的流量也因此更为充沛。

前穿过与之前相同的地理环境。

在大约相当于欧洲中世纪时期，尼日尔河的大弯正好处在游牧地带与农耕定居带的边界上，它因此成为撒哈拉地区日益繁荣的交通枢纽：这里有从热带稀树草原运来的农产品和奴隶，而且所有的黄金都跟着商队途经这里中转运往地中海；而从北面，则源源不断运来了食盐、大枣、铜器和奢侈品等。一个别具特色的、崭新的城市文明沿尼日尔河两岸兴起并发展起来——马里和桑海帝国曾统治着广袤的领土，并且成为从西班牙至遥远的印度尼西亚的巨大商业网的一部分。

无论从实际作用还是象征意义来说，尼日尔河都是西非名副其实的中心地带，各种类别的政治组织和综合商业中心围绕着这条大河聚集起来。人们依据非洲的传统，把这片区域看作一个巨大的倒立的人像：杰内和内陆三角洲的其他城市是这个巨大人像的子宫；通布图

P109 下
在马里共和国的杰内地区，渔民的生活保持着亘古不变的古老模式，这些传统与四季的变迁规律及河流的反复无常密切相关。

城代表头部，其文化和宗教特征象征着理性思维：双足正好歇息在泰加尔扎和陶代尼盐矿；而作为全国商品物流中心的桑城、索法拉和莫普提等附属城镇，则代表着颈部、胳膊和双腿。这种比拟一直持续到欧洲殖民统治时期都非常恰如其分，直到如今，这在一定程度上也是合理的。尽管

尼日尔河中部的港口城镇处于衰退之中，但它们依然具有重要意义，坚韧性格和独创精神存在它们的血脉中并延续至今。作为骆驼往返驿站和独木舟汇聚点的通布图来说，盐业生产对这个城市的经济发展仍然意义重大——食盐的提取、运输和销售需要大量的劳动力、供应商和服务商，这就为这片处于现代全球市场边缘区域的发展做出了不可磨灭的贡献。

　　尼日尔河集中体现了非洲大陆的历史与延续，数百万人民的物质生活依然依赖于这条大河。即便在最难熬的旱季，尼日尔河的河水仍然流动不止，这简直可以称得上大自然的壮举，因为除了巴尼河和贝努埃河这两条较大的支流注入其中下游，尼日尔河几乎不借助任何帮助便能在灼灼黄沙中自由前进、奔腾不息。虽然尼日尔河的流域面积从理论上来说可达200万平方千米，但其实大部分地区处于无用的"瘫痪状态"。数千年来，整片撒哈拉地区饱受干旱的折磨，那里所拥有的不过是由干涸的河道组成的水系网，从伊福加斯高原、阿塔科拉和阿伊尔山蔓延而来的水系网则混乱不堪。堆积的沙山覆盖了提莱姆西河谷和阿扎瓦克河谷，这两条河曾经是尼日尔河的重要支流，如今却面目全非，几乎难以辨认了。只有博索干河的最后一段还会时不时地出现水量有

P112-113
一旦迈出狭窄的托赛峡谷，尼日尔河就流入了沙质平原，河面也变得开阔起来，其实这里离加奥就不远了。到了布雷姆下游，河流就进入了一个极为广阔的地带，河水分入数不清的汊河中，河中还夹杂着一些小岛。

P112 下
加奥地区桑海村居民的房屋大多是低矮的平顶房，也有一些是圆顶的，它们由太阳晒干的黏土砖建造而成，依靠泥浆黏合在一起。

P113 上和下
渔业和水稻是岛民赖以生存的主要资源，这些村庄散布于加奥上游的尼日尔河沿岸。村中有用太阳晒干的黏土建起的矮房，表面上看起来朴拙、谦和而低调，实际上却拥有辉煌的过去——赤陶土史前古器物、技艺精湛的墓葬品，以及其他大量的考古物品都清楚地表明，早在公元前3世纪，这一地区就在孕育着某种神秘的文明了。

限的季节性洪流。

尼日尔河能够在沙漠中存活下来得益于它在"襁褓时期"得天独厚的幸运。它发源于富塔贾隆高原的东部斜坡和宁巴山之间，是几内亚高原降水最丰富的地区。尽管这里的平均海拔较低，

但这些山区每年都会获得来自大西洋的长达8个月的降水，几乎不受任何季节变化的影响。米洛河、廷基索河、尼扬当河和桑卡拉尼河为尼日尔河提供了丰富稳定的水源补给。尼日尔河从锡吉里离开几内亚高原时，其流量是塞内加尔河的两倍。尼日尔河又被称为焦利巴河，它以庄严大气的姿态流入库鲁萨，通向马里首都巴马科的冲积平原。过了索图巴急流，尼日尔河的落差逐渐变小，到塞古市附近时已经难以察觉了，河水开始慵懒地在包围着内陆三角洲的巨大盆地中流淌。在接下来长达200千米的旅程中，尼日尔河的落差仅有10米，大约是尼罗河注入大海前落差的四分之一。然而，从这里算起，尼日尔河距离海洋还有2000千米，它还必须面对最大的挑战——这一路上没有任何支流，直到莫普提它才能从巴尼河获得水源，而那里的降水也非常稀少；另一方面，此处平缓的地势也导致河水流动缓慢。河水流量随季节而变：上游流域的水量在9～10月达到峰值，莫普提、通布图河段的水量分别在11月和12月达到峰值，而尼亚美附近河段的水量要在第二年的2月才达到最大流量。流经尼亚美后降雨量陡增，因此尼日尔河的高水位期会持续到晚春时节。时光流转，再次迎来9月，贝努埃河的河水大大补充了尼日尔河的水量，如此反复，尼日尔河的流量在一年内能够处于动态平衡的状态。

简而言之，多亏了几内亚的降雨，雨水的补给使尼日尔河的水位不至于过低，而且全年流量可以有规律地自然调控，一年又一年周而复始。长期以来，尼日尔河有一种特殊现象，即同一时期存在两个高水位河段，但这两个河段相距千里，容易让人产生一种错觉，仿佛尼日尔河的上下游是两条截然不同的河流。早期地图中的尼日尔河是一条完全虚构的曲线，即尼日尔河连接了塞内加尔河与尼罗河，然后流入乍得湖。人们甚至一度认为尼日尔河与刚果河相连。1795年，英国探险家蒙戈·帕克发现，尼日尔河自西向东流动，但河口位置仍然是个未解之谜。在接下来的科学探险中，帕克尝试从塞古向下游寻找，却以失败告终。直到36年后，兰德尔兄弟才提出尼日尔河流域是一个独立水系的理论。

尼日尔河长长的河道一路穿过多个内陆三角洲，一半的河水也在漫长的旅途中因蒸发而消失了。这里唯一不变的参照物是那些满是树林的山丘，许多山丘中点缀着生活在这片区域的渔民和农民的村庄。一些被称作"托格（toqué）"的小山丘实际上是公元前3世纪以来古人建造的坟茔。在海拔稍高的尼亚丰凯，微红的广袤沙丘阻挡了北方的视野。面对这种难以逾越的障碍，尼日尔河似乎停止了前进，在苦苦寻找出口时形成了弧形的并行湖泊。大约9000年前，尼日尔河在撒哈拉沙漠中部一个被称作阿拉万湖的巨大湖盆中迷失了方向，至于它是何时以及如何向东流去并形成现在的河床，这些问题至今仍然困扰

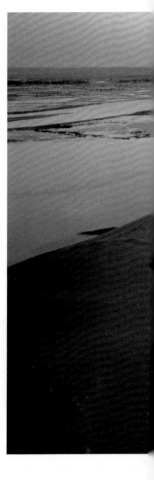

P114 下和P114-115
在加奥上游几千米处的尼日尔河沿岸，庞大的粉色沙丘次第分布，与城市里的灯光和色彩形成了鲜明的对照。马里境内广阔的河湾地区既是自然环境也是人类社会的分界，它是两个截然不同的世界的过渡地带——荒凉的沙漠邂逅了萨赫勒草原上旺盛的生命，帐篷不见了，代之以黏土屋，单峰骆驼也换成了独木舟。众多矛盾在这片土地上相遇、相互冲突，却又奇迹般地相互调和、统一在一起。

着地质学家。旱季与湿季的交替变换形成了撒哈拉的地质环境，进而影响着尼日尔河的演变，河流不断地被迫对沙漠的周期性扩张与收缩做出反应。

位于通布图和布雷姆之间的山谷笔直地穿过贫瘠的土地——只有图阿雷格部族半球状的小屋时而点缀着满目苍凉的沙漠，为荒芜的土地带去几分色彩。在托赛峡谷，尼日尔河突然转向，朝加奥流去。该地区的通迪比（Tondibi）见证了非洲历史上一场重大的战役：1591年，仅仅几千名摩洛哥士兵和只配备了步枪的西班牙雇佣军竟然大败桑海帝国的强大武装军团，结束了非洲西部最后一个庞大帝国。加奥曾经是桑海帝国的首都，后来国势渐衰，经历过一段时期的发展停滞后，如今是马里东部萨赫勒的交通运输和商业中心。

尼日尔河告别沙漠后继续向下游流去，慢慢靠近萨赫勒地区的大草原。尼日尔河有一小段是尼日尔和贝宁两国的界河。接着，河水冲刷着阿塔科拉山脉的一个分支，越过山脉后，尼日尔河就进入了尼日利亚。在奥鲁地区，咆哮的尼日尔河一度被迫穿过宽度不足10米的河道，那里的激流

P116 上和下

尼日尔河接纳了来自贝努埃河的大量水源后，河床宽度在尼日利亚南部草原上进一步扩展，有的部分甚至可达数千米宽。河流端庄地向三角洲方向徐徐前进，它在大型沙洲和多泥小岛之间静静流淌，几乎感觉不到坡降的存在。茂密的原始森林一直扩展到河畔，森林里藏有众多大自然的瑰宝，大部分还有待科学家和学者进一步探索。

P116-117

在流入贝宁湾之前，尼日尔河有许多汊流，构成了一个庞大的约为25,000平方千米的扇形区域。从尼日尔河内陆三角洲地区开采出的石油是尼日利亚重要的经济支柱。

P117 下

在尼日尔河与贝努埃河交汇之前，扰乱尼日尔河平静的急流与瀑布也阻碍了尼日尔-尼日利亚边境附近的正常通航。探险家蒙戈·帕克不幸在布萨急流中遇难，现在这条著名的急流完全淹没于人工湖中。

如今被卡因吉大坝形成的人工湖所淹没。贝努埃清澈的河水在洛科贾汇入尼日尔河，与来自几内亚的河水交汇融合。这两路水源实力相当，共同形成了强劲的尼日尔河。过了奥尼查，就到了第二个和最后一个三角洲。自20世纪50年代起，这里丰富的石油资源被发现，尼日尔河口一带由此成为尼日利亚最富饶的地区。环境保护人士同样认同这个地区的富饶，但他们担心环境的恶化，因为这个问题正在威胁着沿海森林和贝宁湾许多珍稀及濒危物种的生存与繁衍。因为尼日尔河三角洲的泥沙阻碍了大型商船的通行，因此这里没有商业港口。在遮天蔽日的红树林的呵护下，这条雄伟而孤独的大河渐渐消失在茫茫大海中。

The Congo

刚果河
非洲的心脏

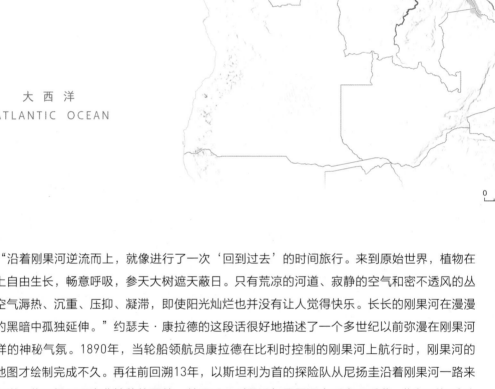

刚果 CONGO
姆班达卡 Mbāndaka
基桑加尼 Kisangani
金杜 Kindu
布拉柴维尔 BRAZZAVILLE
刚果民主共和国 D. R. CONGO
金沙萨 KINSHASA

大 西 洋
ATLANTIC OCEAN

0   140k

　　"沿着刚果河逆流而上，就像进行了一次'回到过去'的时间旅行。来到原始世界，植物在大地上自由生长，畅意呼吸，参天大树遮天蔽日。只有荒凉的河道、寂静的空气和密不透风的丛林。空气溽热、沉重、压抑、凝滞，即使阳光灿烂也并没有让人觉得快乐。长长的刚果河在漫漫无边的黑暗中孤独延伸。"约瑟夫·康拉德的这段话很好地描述了一个多世纪以前弥漫在刚果河上不祥的神秘气氛。1890年，当轮船领航员康拉德在比利时控制的刚果河上航行时，刚果河的航线地图才绘制完成不久。再往前回溯13年，以斯坦利为首的探险队从尼扬圭沿着刚果河一路来到大西洋，终于揭开了中非地貌的面纱，并证明了刚果河与尼罗河水系毫无瓜葛。斯坦利探险队在热带雨林探索了一年多的时间，遇到了种种困难和危险——2/3的队员因为艰苦的条件、疾病或与土著部落的冲突而在途中去世，再也没有回来。

　　虽然康拉德的领航员工作仅仅持续了4个月，但对于一名作家来说，这段经历对于他的写作生涯弥足珍贵。在他的小说《黑暗的心》中，他呼吁人们关注刚果作为一个潜在自由国所受到的威胁，那时的刚果还只是比利时国王利奥波德二世的私有财产，当地人民遭受着野蛮的剥削与压迫。事实上，这条河的整个历史似乎都带有一种无脑暴行的污名。不过正是在刚果河的入海口，非洲和欧洲的关系才有了一个美好和充满希望的开端——葡萄牙人于15世纪末期登陆此地，最初和当地人建立了友好关系。刚果王国欣然接受了基督教教义，并在里斯本派驻了大使。然而，奴

卫星照片为我们展现出马莱博湖附近的刚果河状态，河水在这里形成了一个大型的天然湖泊，而后投入咆哮的利文斯敦急流段。我们还可以清楚地看到刚果共和国首都布拉柴维尔和刚果民主共和国首都金沙萨。

刚果河的中部河段隐于巨大的森林和沼泽之中，它有时会分裂成迷宫般的二级河道，并且日复一日、年复一年地不断变化着。"在这条河里很容易迷路，感觉就像陷于沙漠中一样。"英国小说家约瑟夫·康拉德这样写道。19世纪末，他曾在刚果河上当过轮船领航员，沿河流一路航行。

P120 上和下

流过宽达23千米的马莱博湖后，刚果河在未被破坏的自然景色中继续了一小段行程。这里的植被不再像中游两岸的森林那样郁郁葱葱。布拉柴维尔和金沙萨就在下游不远处。

P120-121

刚果河静静淌过刚果（布）的首都布拉柴维尔。具有意大利血统的法国贵族皮埃尔·德·布拉柴在19世纪末曾沿这条河进发。他成功地在不诉诸暴力的情况下为法国获得了大量领土，布拉柴维尔便是以他的姓氏命名的。

隶贸易打破了他们之间的平等关系。刚果陷入充满暴力的无政府时期。殖民主义给刚果人民的心灵留下了难以愈合的创伤。在这片脆弱且充满种族冲突的土地上实现全国统一并非易事——战乱和杀戮仍时有发生，暴力的旋涡依然笼罩着刚果河及其支流，就像一层帷幕一般，无法消散。

事实上，从康拉德时期以来，刚果河并没有发生太大的变化。尽管大片的森林不再是"处女地"，但依然是一个难以逾越的巨大交通障碍。由于缺少公路和铁路，刚果河仍然是连接海洋和散落在无边丛林中的城市之间的唯一可靠路线，这些城市零散分布在覆盖着无边丛林的、面积达337万平方千米的刚果盆地中。

　　丛林的面积并非是固定不变的，其大小随着干、湿季的交替而变化。有时，植被退缩得很厉害，仅仅在河岸两侧集中分布，但湿季一到，它们又重拾生命力，再次扩展并覆盖大面积的热带稀树草原。这种现象对进化过程产生了至关重要的影响。千万年来，这片广袤无边的庇护所基本保持不变，中间间或夹杂着新生的植被，每一块连绵不绝的森林都有不同的物种，大部分是本地特有种。

　　刚果河附近分布着特殊的镶嵌式生态系统，它就像围绕着这个生态系统的主动脉。刚果河全长4640千米，它离开阴暗湿热的森林世界后，在一片热带稀树草原高地开始了奔向大西洋的旅程。人们并不把这条河流一概叫作刚果河，而是通常将刚果河上游的最重要的源头河段称为卢阿拉巴河，它发源于沙巴区南部边界的群山上，充满自信、斗志昂扬地径直向北奔去。卢阿拉巴河的姐妹河赞比西河就优柔寡断多了——它在赞比亚徘徊了许久，才触及班韦乌卢湖的边缘地带。每当雨季来临时，这里都会变成巨大的沼泽。赞比西河从班韦乌卢湖流出之后摇身一变，成了卢阿拉巴河，在下游几百千米处注入姆韦鲁湖。卢武阿河与卢阿拉巴河在孔戈洛汇合，开始了刚果河的雄奇征程。刚果河与来自坦噶尼喀湖的卢库加河汇合后，带着咆哮和怒吼冲出一系列宽度不超过100米的大峡谷，它们被称为"地狱之门"，也是迈向森林的大门。

P122-123

瓦格尼亚部落的渔民已经在基桑加尼上游的刚果河沿岸生活了几个世纪，他们并没有因为博约马瀑布的暴脾气而畏缩。博约马瀑布曾以著名的探险家斯坦利的姓氏命名，他1877年来到这里，并在旅行日志里详尽描述了瓦格尼亚部落使用大捕鱼笼捕鱼的方法，这个方式的捕鱼效果很不错。

P122 下

刚果河中游地区没有任何基础设施，独木舟是当地居民唯一的交通工具，人们利用长竹竿或桨在河上往返穿行。

P123 上和下

在基桑加尼的博约马瀑布附近，瓦格尼亚渔民使用的捕鱼技术单一，但是也非常危险。把竹制支架安置在急流底部，大型锥形鱼笼固定在水中的竹制支架上，鱼笼开口面向上游，被急流冲进鱼笼的鱼会被拉到岸边。这种技术看起来简单，实际操作却非常不容易，需要兼具娴熟的技术、良好的平衡感和足够的勇气。

　　在尼扬圭，原本晴朗的天空已经被浓雾笼罩。从任何方向看去，视野都像被黑绿色的薄纱蒙着。尼扬圭长期以来都是阿拉伯商人落脚的最后一个驿站，也是象牙和奴隶交易的中心。过了这里，就是一个没有任何已知参照点的充满敌意的世界。班图渔民和农民的村庄位于森林的边缘地

带，那里的环境并不适宜居住，但俾格米人却悠然自得。姆布蒂俾格米人大约有4万，他们生活在伊图里雨林中，这些雨林从基桑加尼以东一直延伸到东非的大平原。他们依赖狩猎和采集野果生存，包括妇女和儿童在内的整个部落都会参加这些活动。森林为俾格米人提供了他们生存所需要的一切，所以他们有充足的时间进行休闲娱乐活动。与人们想象的有所不同，这里绝不是危险而神秘的土地，与"肮脏、干燥、荒芜"的成见恰恰相反，这里充满友爱与热情。

　　森林之外的世界对于生活在这里的人们来说是无法想象的。人类学家科林·特恩布尔花了数年时间来研究伊图里的俾格米人，结果发现他们对外面的世界一无所知。特恩布尔将当地的一个向导带到维龙加热带稀树大草原，这位猎人对远处的野牛群仿佛并不太上心，"那些是什么昆虫？"他问道。尽管人类学家尝试告诉他草原上的这些黑色的物体是大型食草动物，并且味道鲜美，但所有的努力都竹篮打水一场空。猎人长年生活在森林中，视觉距离不过几米，因此，在这样的环境下形成的感知系统难以正确估测距离与大小之间的准确关系。

　　由于多条支流的汇入，刚果河变得愈发汹涌澎湃，河水在边缘已然模糊不清的广阔河床上酣畅流淌，形成了一个由小岛和二级河流组成的错综复杂的迷宫。乌本杜以南的博约马瀑布打破了这里的平静——一股股湍流在长达100千米的岩床上奔腾而下。只有瓦格尼亚渔民敢乘着独木舟

勇闯激流，将他们庞大的锥形鱼笼放在泡沫飞溅的河水里。瓦格尼亚急流气势汹汹地向基桑加尼奔去，它代表刚果河中游的开端。一艘汽轮穿梭于基桑加尼和金沙萨之间：如果没有意外情况干扰航行，那么航程可能需要8到12天，因为沙洲和河流状况的突然变化已经使航行变得困难。轮船这种交通工具在这里扮演着更为复杂的角色：它是一个集超市、医院、邮局和咖啡厅于一体的流动市场，也是当地居民集会的场所，更承载着外部世界可能向这些与世隔绝的地区输送新鲜事物的任务。野味、大批的鱼干、活的动物、棕榈油、农产品等各种商品杂乱堆积在驳船构成的小桥上，四周密集地簇拥着独木舟，等待载着来自河口城市的珍贵商品返回。

　　刚果河的部分河段宽达15千米，不受洪水或低潮的影响。由于刚果河流域基本上位于赤道穿过的热带雨林气候区，流域内年降水量丰富，形成了数量极为庞大的支流体系，这些支流基本上从刚果盆地周围向中心流动，因此刚果河可以得到支流源源不断的补给。并且，刚果河两次穿越赤道，与雨季的对称交替保持一致，丰富的降水使众多南北向支流的水流相互补偿，因此刚果河一年四季都是丰沛的。

　　乌班吉河是刚果河的一条重要支流，在姆班达卡——金沙萨和布拉柴维尔上游唯一的重要城镇——汇入刚果河。刚果河与开赛河汇合后，森林开始变得稀疏，由石灰岩构成的水晶山也浮现

P124-125和P125 下
丛林里每日升腾起的湿气有时
会转化成浓雾，甚至会阻碍往
返于金沙萨和基桑加尼之间的
大船通行。

P125 上
上好的原木沿刚果河运至金沙
萨港。热带雨林覆盖了刚果河
流域的大部分地区，要对其进
行商业开发，交通运输是巨大
的难题。

在地平线上。由于高山的阻挡，刚果河形成了一个长32千米、宽20千米的大湖——马莱博湖，过去它被称作斯坦利湖。

自此而下，突然形成了由一系列大瀑布组成的利文斯敦急流，它的狂怒之势直到马塔迪才平息下来。刚果河深深嵌入高山间的峡谷中，它用尽全力在这冗长的狭窄通道里横冲直撞——这正是长达4个世纪以来，探索刚果河内陆深处最主要的障碍。

从马塔迪到大西洋，刚果河静静地从浸没在水中的红树林和棕榈林中穿流而过，在这里，你一点儿也感受不到刚果河曾经的澎湃，只能偶尔看到被海浪拍起的泥水。大洋深处的海水总是那么寂静。刚果河气吞山河的气势便消失在这不知名的深渊中，无影无踪，与人类再无瓜葛。

The Zambesi

赞比西河
野性的天堂

赞比亚
ZAMBIA

安哥拉
ANGOLA

塞南加
Sananga

大特
Tete

莫桑比克
MOZAMBIQUE

卡里巴
Kariba

马兰巴
Maramba

津巴布韦
ZIMBABWE

纳米比亚
NAMIBIA

大 西 洋
ATLANTIC OCEAN

印 度 洋
INDIAN OCEAN

0   280km

P126
一只张着血盆大口的河马突然出现在赞比西河中。这些河马很容易就能长到3.5米的身长，可重达3吨，当被打扰或受到威胁时，这些大块头可能变得非常具有攻击性。

P127 上和下
在赞比西河中上游的国家公园中，常常可以见到大象和狮子的踪影。位于卡里巴湖下游、津巴布韦北部冲积平原上的马纳湖，就是一个野趣横生的自然保护区。

  1851年8月上旬，英国探险家戴维·利文斯通第一次在塞谢凯附近，即现今的赞比亚和纳米比亚的边境上看到了赞比西河，这是一次重要的邂逅。从那时起，这位伟大的探险家就在心里憧憬——这条巨大的河流是上帝开辟的道路，它将带着基督教信仰和进步的观念打开非洲的心扉。即便听闻下游128千米处存在大型瀑布的传言，也无法改变他探寻赞比西河的信念和决心。对利

文斯通来说，探寻赞比西河的踪迹势在必行，甚至成了他肩负的责任和使命。接下来的12年里，瀑布之谜始终没有破解。从莫桑比克来到安哥拉，利文斯通通过步行、乘独木舟及其他一切可行的交通方式沿赞比西河漂流。他发现了一处瀑布，并将它命名为维多利亚瀑布，仔细而谨慎地探求了目之所及的沼泽边界，并沿向北流去的最后一条大型支流希雷河逆流而上。奇怪的是，利文

斯通从来没尝试过寻找赞比西河的源头，尽管他在向罗安达行进、艰难探索时曾经来到源头附近。更关键的是，他甚至没有发现卡布拉巴萨急流，这打碎了他原本的希望。

赞比西河发源于赞比亚西北部的加丹加高地，那里是与刚果河流域的分界线。这条非洲第四长河的发源地既不是在崎岖的高山间，也不在丛林的掩护下——任何人在那片低矮的树丛中散步，都能轻而易举地找到一汪清泉，而就在那里，赞比西河开始了前往印度洋的漫长旅程。接着，赞比西河马不停蹄地进入安哥拉，然后再次出现在赞比亚的查武马，形成了缓急适中的河流。

赞比西河长达2735千米的旅程中仅有5座大桥。第一座桥位于国界线下游不远处的钦英吉：这座长200米的人行天桥由网状的钢索和张紧的拉杆组成。大约37年前，4位天主教传教士在一次渡船事故中不幸罹难，为了方便赞比西河两岸的通行，当地的传教士修建了这座桥。过了钦英

P128-129
赞比西河在气势恢宏的玄武岩间蜿蜒流动，猝不及防地坠入深不可及的巴托卡峡谷，发出雷鸣般的轰响。这道裂谷有时宽还不足20米，赞比西河在这段长仅几千米的河道上经历了巨大的高差，河水打着旋儿匆匆前行，形成了一连串急流。

P129 上
气候和土质决定了赞比西河沿岸各种植物群的类型。沙质冲积地上生长着棕榈树和其他郁郁葱葱的植被，岩石区中的主要植物是猴面包树和别具特色的卡拉哈里灌丛。

P129 下左和下右
在维多利亚瀑布下游，赞比西河某些河段的宽度可达2千米。尽管在此之前，它一直朝着奥卡万戈河内陆三角洲的方向南行，至此却开始顺着地势上的裂缝转而向东流去，这条裂缝同东非大裂谷一样也是地壳运动的结果。

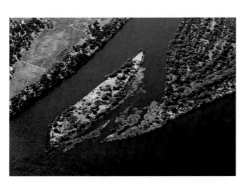

吉便是被草地和森林覆盖的平原，那里的道路不过是沙地上模糊的痕迹，偶尔也会有人出现。

在赞比西河南边的国家公园和自然保护区的大概范围内，游记中古老、野性的非洲呈现出其原始、壮丽、动人心魄的景象。成群结队的大象、水牛和羚羊为寻找水源和肥美的牧场，随着季节变化不断迁徙，紧随其后的就是凶猛的捕食者。这里的一切仿佛都是永恒的，正如寂静的夜晚一样亘古不变，只是不时被河马的喘息声惊醒。赞比西河上游是非洲南部落后的地区之一——那里交通不便，几乎没有社会和教育基础设施，公立医院也难以满足当地人的需求。这里的大部分地区以前被称为巴罗策兰，曾是洛齐王国的一部分，一直到20世纪60年代初期，赞比亚才成为一个独立的国家。由于卢萨卡的新政府反对洛齐人的君主制，因此未将上赞比西地区纳入国家经济发展规划。

P130 上
维多利亚瀑布峡谷总是云遮雾罩，四周环绕着茂密的热带雨林。当地人称这个瀑布为"雷鸣般的烟雾"，原住民叫它雄圭（Shongwe），意思是"彩虹之乡"。

P130 下
在这张维多利亚瀑布鸟瞰图中可以看出，从左到右的魔鬼瀑布、主瀑布和彩虹瀑布分别被卡泽鲁卡岛的突出部分隔开。主瀑布宽850米，水量常年保持稳定。

P130-131
从上空俯视，可以看到维多利亚瀑布展示出的全部神奇的力量，尤其在雾气较淡的干旱时节，人们甚至可以辨认出赞西比河由此坠落的玄武岩的真面目。

　　赞比西河有涨有落的水位象征着偏僻的巴罗策兰的生活节拍，它不但为洛齐人提供了丰富的鱼类资源和充裕的灌溉用水，还决定着居民的生活质量。由于连年降水丰富，赞比西河的河水漫过河岸倾入平原，将其变成一个巨大的湖泊。每年4月，从芒古到安哥拉边界，面积达7000平方千米的洛齐王国中心地区将位于2米深的粉质水之下。也正是这个时候，喧天的锣鼓声响起，盛大的孔布卡仪式（Kuomboka，赞比亚一年一度的迁居仪式）开始了。这是为了纪念洛齐王室从利鲁伊的夏宫迁居到利姆仑加的宫殿的节日，两地相距约20千米，后者位于赞比西河东岸的低山丘陵上。国王利通加坐在名为纳利万达的奢华皇室船艇上，在一群政要的陪同下气势恢宏地移至他的另一处宅邸。船艇配有120位身着传

统华服的专业桨手，船上装饰着一头硕大的由纸浆制成的大象。太阳西沉之前，船刚好靠岸，在热烈的节日氛围中，国王迎来了众人的问候和欢呼。国王身着世代相传的黑金色交织的仪式礼服出现在他的臣民面前，一簇白色鸵鸟羽毛装饰在头顶的双角帽上，威严无比，华丽非凡。这套礼服，连同装有玻璃珠的精美容器都是赛西尔·罗兹赠予当时的利通加国王的。赛西尔·罗兹曾被英国朝野誉为"帝国的创立者"，是英国维多利亚时代对外殖民扩张的主要代表人物之一。利通加国王为了报答赛西尔·罗兹赠送的精美礼物，直接赋予了英国人在当地任意开采矿藏的权利。

　　赞比西河向南穿过巴罗策兰低地，那里的部分河床宽可达3千米。随着越来越接近纳米比亚边境，河流开始变得反复无常，湍流和小瀑布时常闪现途中。赞比西河在塞谢凯突然改变方向，向东流去。几百万年前，赞比西河流入位于博茨瓦纳中部的内海。后来导致东非大裂谷形成的那次板块运动引导着河水沿着巨大的裂隙流向如今的河床。宽多河也发生了同样的变化，它当时被称为乔贝河，在卡萨内流入赞比西河。下游不远处，河流伴随着震耳欲聋的声响坠入维多利亚瀑布，沸腾于瀑布之上的水雾在40千米之外都能看到。当地人称这个瀑布为莫西奥图尼亚瀑布，意为雷鸣般的烟雾。这条瀑布是利文斯通以英国当时的女王名字维多利亚命名的。1855年11月15日，他站在卡泽鲁卡岛高高的悬崖边记录下了当时的感受："我战战兢兢地趴在悬崖的顶端，

P132 上

太特城本是葡萄牙一座古老的边防前哨，赞比西河平静地流过这片许多世纪以来没有变化的土地。在穆塔拉拉小镇附近，河流接纳丰沛的希雷河水后，缓缓流向印度洋。

P132 下左

穆塔拉拉的铁路大桥位于太特与印度洋海岸之间，是赞比西河上为数不多的大工程之一。铁路连接了贝拉港和太特周边的富矿区。

P132 下右

卡里巴大坝很好地调控了河水流量。站在大坝上向下望去，赞比西河似乎失去了先前的力量与壮观景象。大坝内的水库面积超过5000平方千米，同时为赞比亚和津巴布韦两国提供电力。

P132-133

赞比西河进入莫桑比克后，先穿过一系列的狭长深谷，接着昂首阔步迈入卡布拉巴萨水库中。传说在水库深处有神秘的齐科瓦银矿，早在17世纪时就被葡萄牙人开发了。

向下望见了赞比西河两岸间惊心动魄的巨大峡谷。宽800米至1000米的水帘从33米的高处轰然落下，在15米宽的深渊里激起阵阵水雾和气泡。"但他的估测完全是错误的——维多利亚瀑布实际宽1708米，峡谷深度约110米，宽约60米。赞比西河每分钟将8万立方米的水掷入峡谷，而在雨季时，这一水量还会增加10倍。利文斯通回到英国后，受到了出版商的抱怨：文中所用的修饰形容词远远不够，根本不符合一本畅销书的标准。于是他们决定编造一系列高调的短语来描述他的惊险历程，比如"空中天使""三重彩虹"以及无数的"流体彗星"等。我们不清楚利文斯通自己到底使用了多少这样荒唐的华丽辞藻，但无论如何，他通过撰写充满神奇经历的回忆录身价倍增，一跃成为富翁。

瀑布中不断升腾起的雾气笼罩在原始蕨类和兰花之上，这里形成了名副其实的雨林。这个天然公园枝叶繁茂，到处是敏捷穿梭的猴子和扑打着艳丽翅膀的小鸟，与津巴布韦和赞比亚高地上的丛林形成了鲜明的对比。当旱季来临雾气变薄时，人们能看到赞比西河水从玄武岩上纵身跃入峡谷的壮观景象。玄武岩抗侵蚀能力非常强，却在此处断裂并与河道相互垂直，河水恰恰从这些"脆弱"的位置日复一日、年复一年地流过。长达100千米的巴托卡峡谷也在这种不可抗拒

的经年累月的侵蚀中逐渐形成。仅仅一万年以前，维多利亚瀑布就向东移动了一段距离，时至今日，移动仍在进行之中。天长日久，水滴石穿，赞比西河终归在峡谷的起点通过这条"魔鬼瀑布（Devil's Cataract）"开辟出一条通道。

过了巴托卡高地，赞比西河继续向前行进，部分河段水流湍急，直到注入人工湖卡里巴。在克服了千难万险后，几家意大利公司终于在1960年建成卡里巴大坝，它为赞比亚和津巴布韦提供了大部分电能。在卡里巴和卡年巴之间的莫桑比克边境上，赞比西河自由自在地穿过荒凉的无人区。疟疾和昏睡症通过舌蝇进行传播，使人们无法在此长期定居，因此那片土地依然是野生动物的天下。赞比西河在这里接纳了两大支流——卡富埃河与卢安瓜河，这大大增加了赞比西河的流量。1974年以前，首先进入莫桑比克的是卡布拉巴萨急流，但现在这些急流都统统没入了巨大的水库中。当赞比西河接近迷宫似的三角洲时，它变得更为广阔而庄严。而另一支流希雷河从北面给赞比西河带来了马拉维湖的湖水，它们一同注入了印度洋。

从16世纪中期葡萄牙冒险家第一次建立塞纳和太特两个商业驿站以来，赞比西河自始至终禀性难移——野性且难以预测。

第三章

亚 洲

ASIA

亚洲是地球上面积最大的洲，总面积约4400万平方千米。但是亚洲境内的河流，除了那些特别著名的以外，一般比其他大洲的河流要短，而且流域面积也较小。这主要是由亚洲的地理特点决定的——中部有广阔的荒漠，其周围是连绵不绝的山脉。为数不多的几条穿过戈壁和塔克拉玛干沙漠的河流由于没有入海口也消失在了荒漠中。帕米尔高原以西，在突厥斯坦的干旱草原上，锡尔河和阿姆河最终注入咸海湖。如今的咸海几乎只剩下一个干旱的古老内陆海"残骸"。除了流经中俄两国的阿穆尔河（黑龙江），所有流向印度洋和太平洋的亚洲大河都发源于喜马拉雅山脉以北的青藏高原。

恒河、印度河、布拉马普特拉河、萨尔温江等，至少在河流发源阶段（恒河、印度河），都是从东向西沿着山脉流动的。有的河流沿平行山谷奔流很长一段距离，尤其是澜沧江、怒江和金沙江，它们在流经云南北部时几乎相接，仅被狭窄的山脉隔开。由于三角洲的结构、季风雨量和冰雪融水补给的不同，不同河流的平均流量差异显著：从25,000立方米/秒的布拉马普特拉河到2500立方米/秒的黄河（黄河在汛期的流量可以增加10倍）。河流的冲刷作用导致了大量泥沙沉积，这些泥沙经过成千上万年的堆积，形成了地球上最富饶的平原，进而成为大部分亚洲人的家园。

注入北冰洋的河流则别具特色：它们穿过人口稀少的地区，那里很少有城镇分布，气候严

寒，几乎无法开展任何形式的农业活动。西伯利亚高原从阿尔泰山经蒙古边境一直延伸到斯塔诺夫山脉，叶尼塞河、勒拿河以及鄂毕河便发源于西伯利亚高原的南部山脉。这些河流在一年中的大部分时间都处于封冻状态，只有在夏季才能通航，但它们巨大的水力发电潜力注定将对有着"处女地"之称的俄罗斯东部地区发挥举足轻重的作用。

　　亚洲第三个水道中心亚美尼亚高原位于土耳其境内，这里是中东地区仅有的两条大河——著名的底格里斯河和幼发拉底河的发源地。底格里斯河和幼发拉底河，连同黄河、长江以及恒河等大河一起，哺育了人类历史上最古老的文明。

P134 左
位于越南头顿附近湄公河三角洲的稻田。

P134 中
流经青藏高原的雅鲁布江。

P134 右
印度瓦拉纳西的恒河上的船只。

P135
中国河南省郑州市的黄河河段。

The Tigris and Euphrates

底格里斯河与幼发拉底河

昔日的魅力

地图标注：
黑海 BLACK SEA
土耳其 TÜRKIYE
里海 CASPIAN SEA
比雷吉克 Birecik
吉兹雷 Cizre
拉卡 Ar Raqqah
摩苏尔 Al Mawsil
代尔祖尔 Dayr az Zawr
提克里特 Tikrit
叙利亚 SYRIA
巴格达 BAGHDĀD
伊拉克 IRAQ
拉马迪 Ar Ramādī
地中海 MEDITERRANEAN SEA
纳杰夫 An Najaf
巴士拉 Al Basrah
纳西里耶 An Nāsiriyah
波斯湾 Persian Gulf

0 150km

人类历史上已知最早的世界地图出现于2500年前，它被刻在一块比烟盒略大的泥板上。地球在这个泥板上被描绘得极其简单：一个被海水包围的平面圆盘，中间穿过的两条平行线代表幼发拉底河的两岸。圆盘中央是古代著名城市巴比伦，其周围环绕着星罗棋布的卫星城。实际上，巴比伦人的天文造诣颇高，他们几乎可以准确地计算出月球的运行轨道以及恒星的运行状况。这幅地图的本意并不是传达地理信息，而是一种明确的象征：巴比伦是世界的中心。

事实上，人类历史上最不同寻常的一次文明探索开始于7000年前的美索不达米亚（在希腊语中意为"两条河流中间的陆地"）新月沃土的中心，其"弯钩"一直延伸到巴勒斯坦和西奈半岛。它是人类文化、法律、哲学、科学以及艺术的摇篮：最早的文字诞生于美索不达米亚平原，并且逐渐从象形文字进化为抽象的

P136
一条激流流经土耳其东部白雪
皑皑的雪山，它便是幼发拉底
河的源头。这条激流与埃尔祖
鲁姆北部地区流出的其他水流
共同形成了中东地区这条重要
的河流之一。

P137 上
一望无际的植被带标志着幼发拉底河穿过
埃尔津詹下游凯马赫的通道。幼发拉底河在
这里又被称作菲拉特河，它所横跨的土耳其
东部贫瘠地区在远古时代曾是文明的摇篮。

P137 下
土耳其东部湛蓝的天空倒映在幼发拉底河的
水面上。在夏季结束前，这条河一直处于枯
水期，而在春天，水位能涨到拱桥顶部，那
时便意味着幼发拉底河的流量达到峰值了。

楔形文字；一年12个月份的历法，一小时60分钟的计时方式，代数、几何学和医学的基本原理都产生于此；美索不达米亚人准确预测过日食和月食，计算出的太阳年仅有4分32秒的误差；公元前1800年，第一部法典《汉穆拉比法典》也是在幼发拉底河畔起草的。

先进的灌溉技术使得两河流域诞生了冶金术和农业，哺育了当地居民，长久地保障了人们的生计。埃雷克、埃利都、乌尔、尼普尔和阿达卜等城市的建立可以追溯到公元前4000年；第一个美索不达米亚帝国建立于阿卡得，在罗马帝国诞生前1500年便已达到鼎盛。乌尔城衰落之后，战争和侵略铸造了恢宏的巴比伦城，历史上的它起起落落，数次遭到破坏并重建，在长达10个世纪的时间里，它都是该地区无可争议的政治和文化中心。

同一时期，底格里斯河（位于幼发拉底河以东）北部沿岸见证了亚述人的崛起，亚述人的军

P138-139
庞大的阿塔图尔克水坝是土耳其第一大坝，它拦截了幼发拉底河80％的水量，为土耳其大部分城市提供了电力。然而，在河流上游采取的截流措施可能会严重损害叙利亚和伊拉克的经济利益。

P138 下
幼发拉底河离开土耳其山区后，流入了广阔、平坦的半沙漠地区，这是叙利亚和伊拉克非常典型的地貌。

P139 上
幼发拉底河流经的地方与周围的干旱区有着天壤之别，不管是棕榈林还是菜地、城市还是乡村，它们的存在都要归功于这条奔流不息的大河。

P139 中
宏伟的城堡遗迹雄踞于幼发拉底河沿岸，默默见证着历史。叙利亚的许多城堡都修建于十字军东征时期。

事力量源自战车和冷兵器。他们的统治开始于公元前900年，亚述人仅用很短的时间就将其领土从波斯湾扩张至埃及。接下来的几个世纪中，米提亚人、塞西亚人、迦勒底人和波斯人争夺两河流域的统治权。亚历山大大帝曾梦想让巴比伦成为其世界帝国的首都，但他于公元前323年在那里逝世。对这段天才辈出但充满血腥的古老历史来说，这位马其顿征服者的死亡可谓是一个完美的收场。历史翻开了新的篇章。

准确地说，美索不达米亚大部分位于现今伊拉克境内，东到伊朗高原边缘，西至沙特阿拉伯和叙利亚的沙漠高地。那里气候干燥，夏季气温可达50℃，降水稀少且毫无规律可循。美索不达米亚的发展全部得益于底格里斯河和幼发拉底河。几千年来，它们在贫瘠的平原上沉积了厚厚的沃土，从而让这片人类难以生存的环境中诞生出一片巨大的绿洲。正如过去一样，如今仍有数百万人依赖于底格里斯河和幼发拉底河的季节性泛滥，用其水源灌溉农田。

底格里斯河和幼发拉底河都发源于土耳其境内的亚美尼亚高原。起初，两条河的河道近乎平行，之后分离，最后在巴格达附近再度聚首，相距仅353千米。最后，底格里斯河在古尔奈与幼发拉底河会合，形成阿拉伯河，注入波斯湾。两河流域面积约750,000平方千米，覆盖了土耳其、叙利亚和伊拉克的大片地区。幼发拉底河长2750千米，上游位于埃尔祖鲁姆以北海拔超过3000米的贫瘠山区，起初被称作卡拉苏河，后来因狭窄的深谷而被命名为菲拉特河。

P139 下
杜拉－欧罗斯要塞始建于公元前3世纪的塞琉西王朝，它伫立在河畔，肃穆地俯瞰着幼发拉底河流域。这个城市曾是叙利亚繁荣的贸易中心之一，一直持续了五个世纪。

幼发拉底河

幼发拉底河一路上接收了数条支流的河水，这些支流在春天吸纳融化的雪水，因此水位升高。过了凯班，幼发拉底河收容了穆拉特河的大量水流，奔腾的河水经过一系列大坝的控制逐渐减速，穿过前托罗斯山脉荒凉的边缘，注入一个蓝绿色的巨大湖泊。土耳其政府的中期发展部署计划在幼发拉底河和底格里斯河的上游修建约20座大坝。这对土耳其的益处显而易见，但这项工程落成后，叙利亚和伊拉克的水源供应会减半，这将严重威胁两国的经济。

幼发拉底河流经托罗斯山脉后骤然转向南，进入叙利亚平原。它在这里距离地中海仅150千米，离底格里斯河非常遥远。这里的平原地区并不干旱，地下水供应充足，曾是连接美索不达米亚城镇和黎巴嫩、安纳托利亚、亚美尼亚海岸的一条非常古老的商贸路线，因为那里是铜、银、建筑木材等珍贵资源的产地。这条商贸线路的中心城市是幼发拉底河进入伊拉克之前的最后一

P140 上

泥堤、沙洲和潟湖是波斯湾的典型特征，而在同一海拔的阿拉伯河三角洲地区，底格里斯河和幼发拉底河交汇后形成了大型通航河道。

P140 下左

底格里斯河在伊拉克平原广阔的河床上静静向南流淌，地势平坦得几乎让人难以察觉到落差的存在。公元前3世纪以来，河水就通过开凿水渠的方式进行灌溉。

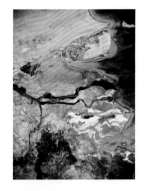

P140-141

底格里斯河在库尔德斯坦山区幽深而狭长的山谷中蜿蜒而行，那里有很多急流和小瀑布为其注入动力，所以这条河一直到达伊拉克的摩苏尔地区都行色匆匆、勇猛而湍急。

P140 下右

始建于762年的阿拔斯王朝统治时期的巴格达，位于古老的泰西封遗址附近，曲折的底格里斯河将巴格达分割开来。在伊拉克首都附近，底格里斯河和幼发拉底河仅相距30千米。

站——马里。苏美尔人、阿卡得人和亚述帝国的统治者都垂涎马里城的财富，想将其据为己有，但马里总能保持一定程度的独立，直到公元前1759年被汉穆拉比摧毁。在迷宫一般的不少于260个房间的王宫废墟中，考古学家发现了20,000多块刻着楔形文字的泥板，这些珍贵的档案生动地描述了这座城市的日常生活场景和重大历史事件。

幼发拉底河在巴格达地区宽数百米，一条人工运河将它与底格里斯河相连。而后，幼发拉底河向南方的巴比伦和美索不达米亚南部地区奔腾而去，山谷变为宽阔平坦的平原，河水两侧是高高的堤岸。在部分河段，幼发拉底河的河床较高，河水漫延开来，扩展出数条支流，其中许多被陈年累积的泥沙阻挡。幼发拉底河的河道今昔不同，过去流经乌尔城下，而现在乌尔城的四周只剩下干旱的沙漠。曾向丰饶的农田输送灌溉用水的人工运河也干涸了，乌尔城也在公元前4世纪彻底成了空城。乌尔的富饶和荣光，以及在黑暗的国王墓穴里发现的价值连城的黄金和宝石，这所有的一切全都依赖于幼发拉底河的慷慨赠予。

底格里斯河

在苏美尔文明的发展历程中，底格里斯河扮演的角色似乎微不足道。尽管它的总长度不如幼发拉底河，但流量却是幼发拉底河的两倍。它的下游河段被广阔的沼泽包围，并不适宜人类生

存。此外，底格里斯河的河床低于平原，因此人们无法借助重力产生的动能用河水灌溉农田。底格里斯河在《圣经》里被称为海迪凯尔河，发源于迪亚巴克尔城西北部的亚美尼亚托罗斯山脉的哈扎尔湖。在土耳其东部的群山中，底格里斯河开始了它的征程，途经无数急流和瀑布，一直到达叙利亚边界（有长达30千米的河段被当作叙利亚和土耳其的边界线）。进入伊拉克后，底格里斯河悠然流淌，到达摩苏尔时已变得羽翼丰满。这些缓缓向底格里斯河岸倾斜的略带起伏的平原，就是亚述文明的发源地。西拿基立和亚述巴尼拔的尼尼微和尼姆鲁德就是在这里拔地而起，成为中东地区第一个大帝国的首都。令人印象深刻的种种建筑物、防御工事遗址、壮观的石狮子以及长有双翅和鹰头的人物雕像，见证了那个好战且高度发达的文明的辉煌。

从摩苏尔到巴格达，底格里斯河在宽阔的河谷中缓缓向南流去。这段河段吸纳了来自伊朗和库尔德斯坦山区的四条主要支流，分别是小扎卜河、大扎卜河、阿扎伊姆河和迪亚拉河。每年春天，它们都会带来破坏性的潮汛。当河水涌到库特城时，地貌会发生巨大变化，平原变成了广阔的水潭，干旱的河床和近旁的运河吸纳了80%的河水。流经1700千米后的底格里斯河宽不过60米，在与幼发拉底河相遇时，看起来就像是后者的二级支流。两条河合并成为阿拉伯河，同时标明了伊朗与伊拉克的边界。在巴比伦的起源传说中，被称为"苦河"的波斯湾距此地仅180千米。

The Yarlung Zangbo-Brahmaputra

雅鲁藏布江—布拉马普特拉河

梵天之子

中华人民共和国
PEOPLE'S REPUBLIC OF CHINA

仲巴
Zhongba

拉萨
Lhasa

日喀则
Xigazê

墨脱
Mêdog

印度
INDIA

孟加拉国
BANGLADESH

达卡
DHĀKĀ

0   90km

有一天，创世之神梵天突然决定将他的种子播撒向大地，造福人类。于是，他选择了一位名叫阿卯伽（Amogha）的女人作为受孕者。阿卯伽是山塔努（Shantanu）的妻子，她的丈夫是被公认为最聪明的男人。当神之子降生时，山塔努受到了神的指引，决定带着孩子翻越高山屏障，前往那片著名的神山——冈仁波齐所在的荒凉高地。就在这片荒凉高地上，奇迹发生了：这个初生的婴儿幻化成一股浩荡而清凉的湍流，倾向大地。以上便是印度史诗《往世书》对雅鲁

P142
这位藏族妇女正从雅鲁藏布江源头的水潭中取水。

P143 上
贯穿西藏长1200余千米的雅鲁藏布江山谷就像是一道巨大的伤疤，周围是高海拔、贫瘠的沙漠带。雅鲁藏布江的流向一开始是自西向东，而喜马拉雅山脉的出现则改变了它的方向。

P143 下
由库比岗日峰和冈仁波齐峰的积雪形成的巨大冰盖目前被认为是雅鲁藏布江最重要的源头。这个地区是西藏偏远且人迹罕至的地域之一，1907年，瑞典人斯文·赫定探访了这片人迹罕至之地。

藏布江起源的记载和解释，因此这条传奇的河流有着"梵天之子"以及"卓越而富阳刚之气的大河"之称。

在这里，传说与现实完美交融。雅鲁藏布江的源头位于海拔5000米的库比岗日（杰马央宗）冰川中，这条冰川分布在遥远的西藏西部，处于喜马拉雅山和冈仁波齐峰之间。这里迷宫般

P144-145
雅鲁藏布江这一段的两岸是田地和山丘，春天，冰雪融化河水上涨。从中国西藏到孟加拉平原，沿河两岸景色变化多端、精彩纷呈，令人叹为观止。

P144 下左
从图中可以看出雅鲁藏布江河谷的地形结构，它在西藏被称为"藏布"（Tsangpo）。由于该地区地壳运动频繁，地形结构发生过很大变化。

P144 下右
在西藏偏远的地区，人们用牦牛皮制作的船在雅鲁藏布江上航行。

的山谷和山脊组成的分水岭是包括印度河、恒河在内的一些南亚大河的源头。当恒河流出高山进入印度北部的大平原时，印度河和雅鲁藏布江在崎岖、寂寥的山谷中绵延了很长一段距离，反向沿着喜马拉雅山脉北坡绕行。即便是在今天，想要准确测绘群山也十分不易，但在20世纪初期它们便出现在了地图上——这要归功于瑞典探险家斯文·赫定那一次具有历史里程碑意义的伟大旅行。1907年9月10日，这位探险家在青藏高原上经过漫长而孤独的艰苦跋涉后，终于可以躺在冈仁波齐峰山坡的露营地中，庆祝这场来之不易的胜利了。"我终于感受到了幸福，"他在日记中写道，"因为我是到达印度河与雅鲁藏布江源头的第一个白种人。这两条早在远古时代便闻名于世的大河，环绕着整个喜马拉雅山脉，就好似螃蟹的蟹钳。"两条大河形成了鲜明的对照：当印度河一路向西，通过喀喇昆仑山巨石和南迦帕尔巴特峰最后一个山涧峡谷时，雅鲁藏布江几乎同时向东流入宽阔且长达1200千米的山谷，贯穿整个藏南地区。

这条被称作雅鲁藏布江的河流在青藏高原上径直流向远方。它在一个巨大的沙质河床上流淌，沿途分裂成众多支流，这些支流相互分离，然后不断合并，据估算，每年它们携带的泥沙约6亿吨。雅鲁藏布江的平均海拔约4000米，是世界上海拔最高的河流。作为"梵天之子"，雅鲁藏布江的脾气就是那么反复无常、难以预测：河道宽度会突然改变，流速会急剧增加，严重威胁居住在河流两岸居民的生命和财产安全；河水的侵蚀力非常强，这一地区频繁发生的地震又进一步增强了它的破坏性，泛滥的洪水经常带来严重灾害。雅鲁藏布江的河床就像一条巨大的发辫，

P145 上、上中和下中
喜马拉雅山脉和青藏高原南缘间有一个楔形地带，雅鲁藏布江就在那宽阔陡峭的山谷间倾泻。

P145 下
雅鲁藏布江流淌在广阔的河床上，看起来平静和缓。但实际上，雅鲁藏布江总是暗流汹涌，可以瞬间爆发凶猛的洪水，它的暴脾气可是出了名的。

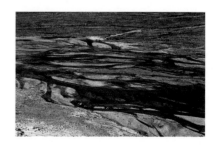

P146-147

在雅鲁藏布江一条宁静的支流上，一群水鸟在大沙丘旁的河流中栖息。沿河环境多种多样，鸟类品种也丰富繁多。

P147 上和下

从俯视的视角远眺雅鲁藏布江，其原生、纯粹之景显得更为壮观。多少世纪以来，它的双重身份使之笼罩着引人遐想的神秘光环。20世纪初期，雅鲁藏布江大峡谷的秘密终于被揭开。

不断变宽，蚕食着其附近的耕地和村庄。洪涝灾害的发生往往猝不及防，这要归因于冰川支流的季节性融水，而最主要的原因则是7月至9月间来自印度东部地区大量的季风降雨。在季风降水持续时间长且雨量充沛的年份，孟加拉国差不多有三分之一的面积被洪水淹没。1988年的那场大洪水持续了24天才退去，造成数百人死亡，让当地本就羸弱的经济更是雪上加霜。

P148 上和下
雅鲁藏布江接连不断的激流打着旋儿冲入了一个深谷中，这道山谷在喜马拉雅山脉东部最后一道山脊上开辟了一条通道。峡谷上下约有3000米的巨大高差，在很长一段时间里，人们都认为这里有一个震人心魄的大型瀑布。

P148-149
雅鲁藏布江在流向印度边境时水势渐缓，河两岸的茂密森林是多种濒危动植物的家园。

　　雅鲁藏布江穿过日喀则和班禅喇嘛的传统驻地扎什伦布寺后，畅通无阻地来到加拉村。这里有阻碍它通往大海的最后一座大山——喜马拉雅山脉的南迦巴瓦峰和加拉白垒峰，它们的海拔均超过7000米。雅鲁藏布江径直冲往这两座巨大"堡垒"构成的深谷中，向南转了一个弯。然后，在一个巨大的峡谷中（雅鲁藏布江大峡谷），它再次改变方向，咆哮着向西奔腾而去。在仅250千米的行程中，雅鲁藏布江的海拔便陡降了3000米，这个

过程中所形成的激流势不可挡，是世界上极其凶猛的河流之一。这段河流笼罩着一层神秘的光环：一个多世纪以前，还没有人能确定雅鲁藏布江和布拉马普特拉河是同一条河。在某些地方，你可以看到河流两岸高达数百米的光滑巨石矗立在这激动人心的原始之景中。直到今天，这段偏远、难以企及的雅鲁藏布江河谷仍是"犹抱琵琶半遮面"：1998年，一队在此试图顺流而下的探险队被残酷地击退，一名队员命丧湍流。

当雅鲁藏布江平静下来时，它已经进入了藏南地区。喜马拉雅山东部山麓的树林以及底杭河三角洲茂密的植被共同组成了独特的自然景观，渐变的海拔孕育出不同类型的气候条件和生态系统，这里的动物和植物种类繁多，它们尽情生长和繁衍，如同置身天堂。藏南地区的森林是多种濒危物种的故乡，如独角犀牛、亚洲象、云豹以及让人眼花缭乱的各种鸟类、爬行类及小型哺乳类动物等。与一些大型支流汇合之后，雅鲁藏布江来到印度东北部的阿萨姆邦，变身为布拉马普特拉河。

雅鲁藏布江如今成了一条羽翼丰满的大河，雄伟地越过广阔的冲积平原滚滚而去。平原上湖泊和水塘星星点点，那是洪涝退去之后的景象。在这一系列被常绿植被包围的湖泊和沼泽周围，是大片树木繁茂的热带稀树草原，不时被沼泽和沟渠穿插其间。而如今，这里独特的自然环境面临着人口过度增长和滥伐森林的严重威胁。这里大部分地区都是自然保护区，位于布拉马普特拉

河和米吉尔丘陵地区的加济兰加国家公园占地约430平方千米，是印度犀牛在地球上最后一片大型栖息地，数量大约有1000头。加济兰加是印度少数几个仍能看到数百头大象成群出没的地区之一。国家公园的外面便是人类的家园，那里是农民和渔民居住的村庄，这条大河既是他们物质需求的来源，亦是精神所托。

神话与现实共存的布拉马普特拉河河谷，是印度史诗《摩诃婆罗多》故事的虚拟剧场：河水颂扬着英雄事迹，洗涤着神圣殿堂，讲述着神话传说。无数的神、恶魔、苦行僧和传说中的君主在这里战斗并倾注热爱，创造了这条在天地之间无形而持久的纽带，包裹着数百万人的日常生活。河流两岸是一系列圣堂和神殿，位于阿萨姆邦古瓦哈蒂市的甘马克舒亚神庙被认为是全印

P150-151
在2003年侵袭阿萨姆地区的那场毁灭性的洪水中，布拉马普特拉河水位猛涨，手动抽水机下半部分已经被淹没于水面下，但依然能正常工作，为查拉库拉尔村的居民提供生命之水。

P150 下
经过一天的辛苦劳作，印度阿萨姆邦古瓦哈蒂市的渔民正要从船上卸下他们从布拉马普特拉河里捕获的鱼。这里的江面开阔通畅，适于航行。

P151 上和下
阿萨姆的加济兰加国家公园占据了布拉马普特拉河与米吉尔丘陵之间的广阔区域。那些被沼泽和森林覆盖的冲积平原，是数不清的动物的理想栖息地。

度最为神圣的地方。

古瓦哈蒂下游约100千米处，布拉马普特拉河转了个大弯向南方的印度洋流去。在270千米的旅程中，它与恒河三角洲上庞大的人工运河网隔岸相望。布拉马普特拉河的河道落差几乎很难感知，每5千米仅有1厘米的落差。离开阿萨姆，它迎来了最后一条支流——起源于干城章嘉峰的蒂斯达河。在孟加拉国，河水慵懒地在曲折的河床上流淌，似乎失去了勃勃生机，但当第一次季风雨降临时，河水暴涨的程度绝对能让人大吃一惊。从常年积雪的青藏高原到热带气候的孟加拉湾，雅鲁藏布江—布拉马普特拉河经过3350千米的长途跋涉，终于来到了恒河三角洲最重要的汉流——博多河。

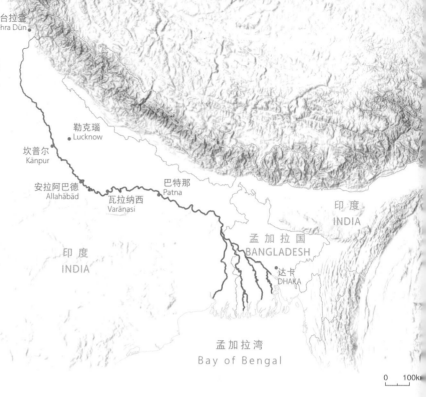

The Ganges

恒河

神圣之河

台拉登
Dehra Dūn

勒克瑙
Lucknow

坎普尔
Kānpur

安拉阿巴德
Allahābād

巴特那
Patna

瓦拉纳西
Varānasi

印度
INDIA

孟加拉国
BANGLADESH

印度
INDIA

达卡
DHAKA

孟加拉湾
Bay of Bengal

0   100km

印度最神圣的河流发源于喜马拉雅山西部，由帕吉勒提河、阿拉卡南达河和曼达基尼河三条河流交汇而成。帕吉勒提河发源于海拔4800米处一个被称为戈穆哈（Gomukha）——意即"牛嘴"的洞穴里，在冰川边缘杂乱的岩体和碎石中穿行向前。大概再向前20千米，恒河最重要的支流就来到了根戈德里村，它从那里开始被赋予了神圣之名。当春夏来临之际，温度升高，冰雪融化，根戈德里的神庙里挤满了朝圣者，他们从印度各地赶来，通过敬献贡品和祈祷的方式

P152
希沃令山的尖顶傲然俯视着恒河源头的冰川，它位于印度的北方邦。希沃令山像楠达德维峰及附近的其他山峰一样被奉为圣山。

P153 上
根戈德里冰川中一个被称作"牛嘴"的裂谷是神圣恒河的源头，下游不远处，它又流入了一个冰雪覆盖的狭窄山谷。图片背景是高耸入云的帕吉勒提峰，远处清晰可见。

P153 下
恒河从喜马拉雅山西麓的冰川中穿过。一位朝圣者深情凝视着它，好像感受不到周围的酷寒。恒河主要源头的海拔高达5000米。

来表达他们的虔敬和忠诚。

过了根戈德里，约15米宽的帕吉勒提河向南穿过幽深崎岖的山谷，流向一个重要的圣地——代沃布勒亚格。圣地非它莫属，因为帕吉勒提河正是在这里，与阿拉卡南达河、曼达基尼河汇合之后被称为恒河的。恒河以一位女神的名字命名，神话中是她在这个人口密集的地方创造了生命。

从科学角度来讲，恒河平原及其三角洲的诞生十分简单明了：几千万年前，一个从印度—澳大利亚板块中挣脱出来的构造板块——未来的印度板块——向北迁移，直到与亚欧大陆板块相撞。这次碰撞形成了喜马拉雅山脉，以及山脉南

P154 上
大壶节是印度最重要的印度教节日，这一天会有许多恒河女神的信徒排成一列鱼贯而行，穿过北方邦安拉阿巴德的恒河大桥。

P154 中
为了方便众多的朝圣者朝拜，大壶节时期印度政府特地为他们建造了浮桥，连接了安拉阿巴德的恒河两岸。2001年，大约有3000万人聚集在这个圣地。

P154 下和P154-155
根据占星术的复杂推算，每隔12年会出现一段吉日，大量信徒在这期间涌入安拉阿巴德的恒河沿岸，与此同时，亚穆纳河及传说中的沙罗室伐底河也将在这里与恒河交汇。数百万印度信徒聚集在这里庆祝大壶节，对于他们来说，在圣水中沐浴意味着洗去身上的所有罪恶，这样就可以在生死轮回中获得重生。

侧和德干高原之间的洼地，那些时常洪水泛滥的巨大盆地逐渐被河水携带而来的泥沙填满，形成了如今的恒河平原。

印度关于恒河的神话同样精彩——至少从精神的层面来讲是如此。印度教经文中这样记载：神圣的恒河受到老苦行僧帕吉勒提的召唤从天而降，用她的圣水去拯救因受诅咒而化为灰烬的国王的60,000个孩子。然而，由于恒河下降过快，河水淹没了大地，导致人类灭亡。由于只有湿婆能够阻挡这气势凶猛的河水，帕吉勒提用1000年的苦行生活昼夜不停地祈祷。湿婆终于被感动了，同意让恒河下凡时先在自己的辫子上流淌。虔诚的帕吉勒提的另一个祈求，是说服上天给予被束缚的恒河以自由，完成她净化的使命。对数百万印度百姓来说，恒河就是圣河，与恒河水切肤接触会带来重生：一个人能从罪恶中获得净化，并走向极乐世界。恒河女神的形象众多，有时扮成一个妙龄少女，有时又幻化成

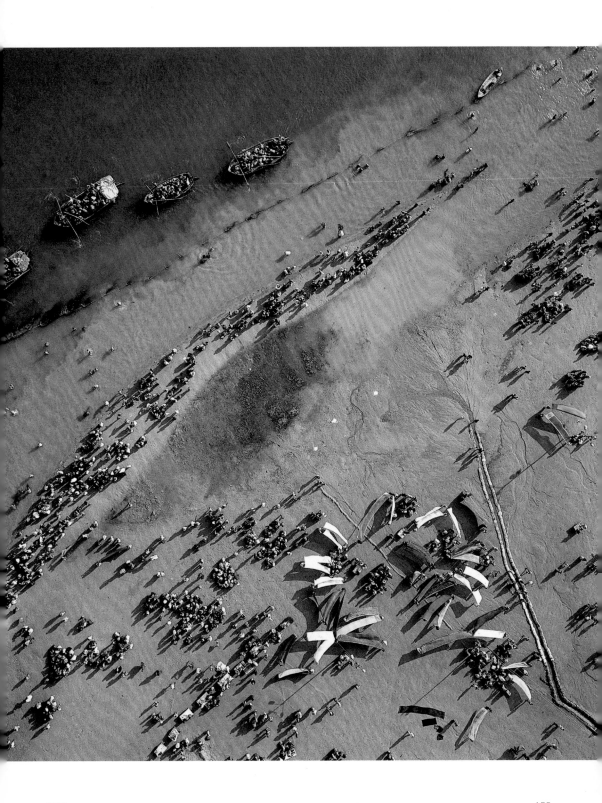

P156 上

帕吉勒提河与阿拉卡南达河是恒河的两大重要源头，它们横穿喜马拉雅的加瓦尔区域。人们在这里只有通过晃晃悠悠的吊桥才能到达对岸。

P156 下

在上游河段，恒河畅快地流入一个狭窄的山谷，这里风景如画，充满田园式的清新。穿过西瓦利克山脉，再经过大约700千米的行程，恒河从赫尔德瓦尔进入平原地区。

P156-157

拉姆讷格尔堡面朝着瓦拉纳西不远处的恒河，温暖的夕阳染暖了这座17世纪的城堡，为它涂上一层醉人的金色。秋天，人们会在这座城堡中欢庆节日，通过上演著名的音乐剧和戏剧来重现罗摩战士的英勇传奇。

P157 下

恒河在安拉阿巴德市与亚穆纳河交汇，携手流入印度广袤的中央平原。这两条河流之间土地肥沃，是印度农业产量较高的地区之一。

一位成熟美丽的女子，骑在一只鱼尾象头的神兽上，她的眼神和容貌总是传递着安详与智慧。从恒河源头到孟加拉湾入海口，这一旅途中还有诸多圣地。恒河女神在整个印度的受崇敬程度，从人们捐赠的不计其数的庙堂和神殿中可见一斑。

恒河在根戈德里下游700千米的赫里德瓦尔离开了山区，进入广袤的大平原地区。在接下来的2000千米的征程中，它将贯穿整个平原，然后向南转弯到达安拉阿巴德，与它的兄弟河流亚穆纳河汇合。恒河与亚穆纳河相互平行，两河之间的土地非常肥沃。自人类历史伊始，富饶高产的恒河平原一直是控制次大陆经济和政治的关键因素。雅利安人、印度教徒、穆斯林和欧洲殖民者都陆续掌管过恒河两岸，并留下了难以磨灭的权力见证。安拉

阿巴德不仅是恒河与亚穆纳河交汇之处，这里还产生了第三条"河流"，即看不见的精神之源，给神圣的恒河带来源源不断的能量。这条隐蔽的河流被印度人称为"妙音天女"，是神圣的三位一体不可或缺的元素。每隔12年庆祝大壶节之时，安拉阿巴德的每个角落都会站满礼拜者，他们成群结队地在圣庙和神殿之间不停穿梭，虔诚地找寻救赎的希望。每一处圣地都有独特的象征意

义，而受人膜拜的印度诸神均到过安拉阿巴德，在这里留下了他们现身的迹象。它是如此令人向往，令世人崇敬，或许只有恒河平原上的瓦拉纳西能够与它相提并论了。

在经过印度北方的漫漫旅途中，恒河流过人口密集的重要城镇，还途经了无数村落——那是古印度的中心地域，那里的人们依然按照恒河水涨落的古老节奏生活着。喜马拉雅山上的融雪或多或少与季风的降临一致，受其影响，恒河水位有着明显的变化。然而，这种联合效应，尤其是在降水更丰富的三角洲地区，季风和潮水会带来不可小觑的自然灾害——恒河水漫过河岸淹没大面积庄园的情况时有发生。这里的冬天漫长而干旱，许多地区的农民只能依赖地下水，然而地下水常常不能满足需求。因此，这里的人类和动物们都必须面临干旱和饥荒的威胁。尽管恒河反复无常，她却养育了印度三分之一的人口。换句话说，这里居住的3亿人应该将他们所拥有的一切归功于恒河女神。得益于千百年来沉积泥沙形成的沃土，这里的庄稼可以达到一年两熟。

过了安拉阿巴德，恒河开始向东流去，然后转而向北，仿佛要将瓦拉纳西揽入怀中。瓦拉纳西是世界上著名的圣城之一，它被奉为印度教圣地，湿婆大神就将它作为自己的庇护

　　　　　　　　　　　　　　　　　　　　　　　　　　　　　　　　　　　亚洲

P158 上
千百辆满载各种货物的三轮车在浮桥上来回穿梭，这些浮桥将瓦拉纳西城与几乎无人居住的恒河右岸连接在一起。

P158 下
在瓦拉纳西，即便是最简单的日常工作也需要体面而优雅地完成。在通往恒河的台阶上，神圣与世俗永远交织在一起。

P158-159
无论白天还是黑夜，瓦拉纳西都会迎来大批朝圣者，它看起来更像是一座巨大的寺庙而不是一个城市。

P159 下
瓦拉纳西城位于恒河左岸，是湿婆大神宏大的供奉圣所。

所。对印度人来说，这座圣城就仿佛一条时空隧道，一条通向智慧甚至湿婆大神的圣道。这里的2000所神殿和宫殿、古代王公贵族的宅邸、庙宇以及通向河流的数不尽的阶梯……这一切都只是表象，只有心灵纯净的人才能感知真实的世界。这种特异功能只能通过冥想获得，苦行僧需要日复

一日、年复一年地祈祷、供奉，直至生命的最后一刻。在瓦拉纳西，死亡意味着永久地结束尘世轮回、飞升真我。恒河沿岸供沐浴人等上下的台阶绵延约5千米，不论白昼黑夜，那里都挤满了熙熙攘攘的人群。他们中的许多人是去恒河畅游或祷告的，其他人则是去度过他们在尘世间的最后时光，然后借助神圣的天梯通达他们永恒的归宿。在印度，没有其他地方像这里一样，生命看起来如此脆弱，离死亡如此地接近。每年，数以万计的尸体在瓦拉纳西火葬。尸体被包裹在棉布中，浸入恒河水，然后晾干，最后放置在柴火堆上。当尸体即将被火苗完全吞噬时，人们会用棍棒猛力击开头盖骨，这样死者的灵魂就会逃脱肉身的禁锢，获得永生的自由。

恒河带着骸骨与灰烬离开瓦拉纳西缓缓流向大海，

P160-161
信徒全神贯注，他们心中是不可动摇的信仰。这种场景在瓦拉纳西城司空见惯，瓦拉纳西是湿婆大神亲自选择的住所，3000年来一直是印度教的圣地。

P160 下和P161 上
在恒河中沐浴是每个到瓦拉纳西的朝圣者必须完成的使命。神圣的河水中时常漂浮着腐烂的尸体，但这无关紧要——对于圣徒来说，恒河的圣水能够净化身体，洗净心灵的所有罪孽。

P161 下左
这位在瓦拉纳西恒河岸边的妇女沉浸在祷词之中，通过每日的身体力行实现她对湿婆的承诺。要达到大彻大悟与神同在的最高境界，需要长期承受巨大的牺牲、经历精神的磨炼。

P161 下右
尽管佛教认为在恒河中沐浴是一种不好的迷信形式并加以抵制，但将自己浸入恒河水中却是印度的标志性宗教仪式，每年数百万朝圣者都会来到瓦拉纳西进行这种神圣的仪式。

进入150千米以外的比哈尔邦。田地里的谷类作物逐渐被甘蔗和槐蓝属植物替代，第一批谷物田出现了。在这段长长的河道里，恒河接纳了发源于喜马拉雅山的一系列重要支流——卡克拉河、根德格河及戈西河，其中戈西河里流淌的是来自珠穆朗玛峰寒冷的冰川融水。南部的温迪亚山脉为较小的宋河提供了水源，它在巴特那上游汇入恒河。

恒河向南拐了一个大弯，在接近三角洲的时候，它跨过孟加拉国的边界，然后一分为二，其中一条是帕吉勒提河，另一条是博多河，后者与布拉马普特拉河汇合后，从开阔的河口注入印度洋。尽管帕吉勒提河的规模比博多河要小，人们却认为帕吉勒提河才是真正的恒河，过了加尔各答后它又被称为胡格利河。三角洲面积达60,000平方千米，但由于地形常常发生变化，所以很难为该地区绘制出一张可靠、准确的地图。洪水和飓风不断改变着它脆弱的地貌，刚出现的小岛和河渠也会在短短几个月间遭到自然的破坏。堤坝和沟渠旁相对可靠、稳定的地区是大米、甘蔗和黄麻的产地。农业区人口密集，人口密度最高可达到每平方千米1000人。还有孙德尔本斯地区，那是一片并不宜居的沼泽，它的名字来自当地生长的一种叫作孙德里的树（*Heritiera litoralis*），它们和红树林构成了这里最主要的植被。

从恒河右岸远望瓦拉纳西城，映入眼帘的是一排排
紧凑的建筑，它们集中分布在恒河沿岸5千米长的
不朽阶梯之上。

孙德尔本斯地区现在大部分被划为自然保护区，它是孟加拉虎及其他稀有动物的庇护所，这些动物的生存受到了人口过度增长的极大威胁。事实上，在胡格利河两岸，加尔各答郊区的范围不断扩展，城市化给那里的生态带来了无休止的破坏。与此相比，阴郁的孙德尔本斯丛林及吃人的猛兽看起来倒不那么狰狞了。最近的调查结果显示，加尔各答这个原英属印度的首都现在至少拥有1400万人口，成为人口密集的超大城市。胡格利河的问题很难解决，贫穷问题也无从下手，甚至连恒河女神也难以解决这些难题。恒河好像要放弃这座城市了：博多河的流量越来越多，而帕吉勒提河的流量则日益减少。一直以来，加尔各答港都是印度的门户，如今却面临

P164-165
村庄里的居民把房子建于竹桩上，他们每天都在为生计忙碌操持。每年，博多河周期性的洪水会淹没孟加拉国的大片地区，那里的人们对此怀着一种宿命论的态度。

P164 下
从卫星图上可以清晰地看到：布拉马普特拉河与恒河西侧的支流博多河相互交汇、融合，这两条河营造了亚洲最大的三角洲。

P165 上
胡格利河上那座宏伟的钢桥连接了加尔各答和豪拉郊区，每天有成百上千人从桥上经过。

P165 下
渔船沿着恒河西侧支流向下游前行，这条经过印度的孟加拉地区的支流被赋予了新的名字——帕吉勒提河。这里盛产鱼和大米。

着被淤泥堵塞的危险。但信徒顶礼膜拜的宗教不可能承认恒河女神会背叛她的子民，所以胡格利河两岸，以及赫里德瓦尔、安拉阿巴德、瓦拉纳西、坎普尔等地总是挤满了为美好生活祈福的人们，虔诚地寻求希望和神的庇佑。即便在恒河与天海之间的萨加尔岛盐沼地上，恒河也没有失去她那神圣的光辉。从喜马拉雅山下凡的诸神也是在这恢宏的天然神庙里接受了来自子民们永恒的朝拜。

Yellow River

黄河
水之龙

包头
Baotou

银川
Yinchuan

兰州
Lanzhou

渤海
BO HAI

济南
Jinan

郑州
Zhengzhou

黄海
YELLO
SEA

中 华 人 民 共 和 国
PEOPLE'S REPUBLIC OF CHINA

0   120km

　　龙，在中国文化中象征着活力和吉祥，同时也是中国人和中国精神的化身。而在中华大地上，就有这样一条金色的巨龙生机勃勃、虬曲奔腾，这就是黄河。黄河发源于青藏高原，穿行在崇山峡谷，劈开黄土高原，九曲回环，奔流过华北平原，最终注入渤海。由于流域的气候和环境影响，黄河的年平均径流量只有580亿立方米，仅相当于长江的1/17，但黄河毫无疑问是中国最负盛名的大河。黄河一路上跨越了中国9个省/自治区，全长5464千米，是中国第二长河、世界第五长河。由于黄河水中挟带着大量泥沙，黄河因此成为世界上含沙量最大的河流，黄河之名也正来源于此。

　　黄河中下游流域在远古时期即气候温和、植被茂盛、自然条件适宜人类生存、居住，因而成为孕育中国古代文明的一片沃土。从五六十万年前的陕西蓝田人开始，众多古代文化便如璀璨众星般闪耀在黄河两岸，而在6000多年前，这里就已经出现了规律的农业活动。4000多年前，部族首领黄帝统领黄河流域，成为华夏族的祖先，黄河因此被称为中华民族的母亲河，而"黄皮肤"更是被称为"黄帝子孙"的亿万中国人的共同特征。

　　在青藏高原腹地的三江源保护区，融化的雪水从巴颜喀拉山北麓汩汩而下，汇聚成黄河的源头——玛曲，此名来自藏语，意为"孔雀河"。玛曲蜿蜒流入约古宗列盆地，穿行在星罗棋布的水泊之间，静静地依次注入扎陵湖和鄂陵湖。位于青海玛多县境内的这一对姊妹湖是黄河流域最

黄河是中华民族的母亲河。黄河流域是中华文明的发源地。图中是黄河在青海省玉树的景色，展现了黄河上游流动的风情，美景如画。

大的高原淡水湖泊，湖水极为清澈，湖中水产丰富，岸边牧场肥沃，这里也因此成为青海省最大的渔业与牧业基地。

河水绕过巍峨的阿尼玛卿山奔向东南，在即将跨入四川时被岷山挡住了去路，于是掉头折向西北，形成了"黄河九曲"的第一曲。这一河段处在青藏高原下降到黄土高原的过渡地带，自玛多县到宁夏下河沿之间2200多千米的河道水面落差超过2900米。海拔6282米的阿尼玛卿山主峰玛卿岗日雄踞在黄河左岸，这是黄河流域的海拔最高点，山顶终年积雪，冰峰起伏，景象万千。黄河上最长的拉加峡、最窄的野狐峡、最陡的龙羊峡都集中在这一河段，这里是黄河水利资源最丰富的地段，20世纪50年代以来修建的一批水利设施就集中在这一地区。

随着黄河两岸的黄土越来越多，龙羊峡以下的河水逐渐变得浑浊，黄河越来越显现出世人所熟知的雄壮气势。在浑浊湍急的河面上，两岸的人们用充气的羊皮口袋捆扎而成的羊皮筏子作为传统的渡河工具。

兰州号称"黄河之都"，穿城而过的黄河将兰州市区分为两部分，这座始建于西汉时期的西北重镇就位于刘家峡水库和盐锅峡水库下游不过几十千米处，它是黄河上游的第一个大城市。兰

州曾是中原通往西北和中亚的重要通道，如今仍是西北地区最重要的现代化城市。在一连串峡谷中急速穿行的黄河水冲出青铜峡，在平坦开阔的宁夏平原终于松了一口气，放慢了脚步，冲积出一片富饶的土地。2000多年前，古人就在宁夏平原上修筑水渠，引黄河水灌溉农田。位于黄河左岸的银川在大约1000年前曾是西夏王朝的都城，这座城市虽位于半干旱地区，但城中沟渠交织、湖泊珠连，景色秀美，素有"塞上江南"的美称。

　　黄河继续一路向北，在内蒙古境内接连转了两个直角弯，从河口镇掉头向南，开始了中游的行程。土层深厚的黄土高原经受着黄河的激流猛烈冲刷被一切两半，左岸山西，右岸陕西，形成深达百米、绵延约700千米的晋陕大峡谷。这里是黄河流域水土流失最严重的地区，河水中90%的泥沙来自这里。几千年来，两岸的人们一直顽强地在黄河边、高原

上修筑梯田，生息劳作。峡谷南端的壶口瀑布是黄河干流上唯一的瀑布，滔滔河水倾泻而下，水雾冲天，声鸣如雷，如同壶中开水向下倾倒一样，"壶口"因此得名。壶口下面不远就是著名的龙门。龙门山和梁山隔岸对峙，河面最窄处只有100多米。1000多年前，诗仙李白就曾用"咆哮万里触龙门"来描绘这里的雄伟气势。离开晋陕大峡谷，黄河接纳了最大的支流渭河后折而向东，在大地上画完了巨大的"几"字，从河南郑州开始进入下游。富饶的渭河平原上有一座著名的古城——西安，在这里，你可以触摸古老的秦汉，遥念鼎盛的大唐，追寻丝绸之路的驼铃。

　　黄河把雄浑的气势留在了中游，带着大量的泥沙进入了下游。几千年来，黄河水既为下游的河南、山东带来了万顷良田，也给人们带来了无数灾害和惨痛的记忆。进入华北平原后，黄河流速放缓、泥沙沉积，河道不断淤垫抬高，形成了独具特色的"悬河"，河道也因此频繁更改，泛滥成灾。面对黄河水灾，历代君王都非常重视黄河的治理，甚至将黄河的安宁与灾害看作王朝兴

P170-171
黄河中游流经晋陕大峡谷的壶口瀑布时，滚滚河水被地形所限，在50米的落差中翻腾倾涌，声势浩大。

P171 上
黄河两侧是巨大的防护堤，河水如今在济南段安然流淌，而在过去，这里曾深受洪涝之害。实际上，数个世纪以来，沉积在河底的石灰质土壤已将河床不断垫高，乃至高出周围的平原好几米。

P171 下
河口湿地上，几只白鹭翩翩起舞，这里是众多候鸟的栖息地——黄河三角洲湿地是中国最美六大沼泽湿地之一。

衰的征兆。上古传说中的"大禹治水"是家喻户晓的故事；1949年后，中国政府对黄河的治理已经有效杜绝了水患带来的灾害。

　　山东东营是黄河的入海口，黄河在这里结束了它的万里奔腾，注入渤海。泥沙的冲积导致黄河入海口的位置多番移动，如今的黄河口段多年不断向前推移，淤积的泥沙已经造就出一片崭新的土地。黄河三角洲上，成群的鸟儿在自由飞翔，古老的黄河经过惊心动魄的奔腾咆哮，穿越几千年的岁月沉积，终于在归入大海时留下这一片宁静的湿地。

Yangtze River

长江
富庶之河

渤海
BO HAI

黄海
YELLOW
SEA

中华人民共和国
PEOPLE'S REPUBLIC OF CHINA

南京
Nanjing

武汉
Wuhan

重庆
Chongqing

0　120kr

P172
长江到达香格里拉市的沙松碧村，突然来了个100多度的急转弯，形成罕见的"V"字形奇观，人称长江第一湾。

P173
位于青海省玉树藏族自治州曲麻莱县的长江源头，成群的白唇鹿在高原上奔跑。

　　龙和凤在中国文化中象征着富贵祥瑞。如果说黄河是一条腾飞的巨龙，象征着中华民族的源远流长，那么长江就犹如一只浴火重生的凤凰，代表着炎黄子孙旺盛的生命力。长江，从海拔4000多米的青藏高原出发，挣脱高山、峡谷的束缚，穿越丘陵、平原，历尽艰难险阻，奔流近6400千米后最终汇入太平洋。长江水量丰沛、水能丰富，从某种意义上说，充满活力、富饶繁华的中国南方地区大部分就是由"枝繁叶茂"的长江水系构成的。

    长江是亚洲第一长河、世界第三长河，长度仅次于亚马孙河和尼罗河，也是世界上完全在一国境内最长的河流。水量上，则仅逊于亚马孙河和刚果河。长江每年把一万亿立方米的江水注入浩瀚的太平洋，水量相当于20条黄河。从世界屋脊奔流向东的长江蕴藏着极为丰富的水能资源，相当于美国、加拿大和日本水能蕴藏量的总和。

    唐古拉山各拉丹冬雪山下的冰川河如树木的枝杈一样自然密布，滴滴雪水汇成沱沱河、当曲、楚玛尔河，然后它们又汇流为一，形成万里长江的源头——通天河。河水滋养着青藏高原上的遍地芳草和成群牛羊，藏族人民感激地称通天河为珠曲，意为"奶牛的奶水"。青藏高原是世界上海拔最高的高原，分布着以世界第一高峰珠穆朗玛峰为首的座座雪山和凛凛冰川，还有众多珍稀动植物生存的高寒无人区和犹如串串珍珠般美丽的高原湖泊。起初，通天河在宽阔的高原上悠然自得地流淌，随着两岸陡峭高山的逼近和挤压，河水变得暴躁起来，吼叫着越过青海省玉树市的巴塘河口，冲进了位于中国西南部的横断山脉，自此更名为金沙江。

    横断山区山高谷深，传说中被称为三姐妹的金沙江、澜沧江和怒江并肩奔跑了170多千米，穿行在担当力卡山、高黎贡山、怒山和云岭之间，却始终不交汇，形成了世界罕见的"三江并流"奇观。横断山脉受亚欧板块与印度洋板块相互挤压形成，奇特的地形和充沛的水汽造就了独特的地理环境和气候，雪山、冰川、森林、草原、溪流……四季的美景集于一体，各种珍稀动物与丰富的植物和乐共存，是世界上生物多样性最丰富的地区之一。这里同时也是中国少数民族文化极其多彩多样的区域。泸沽湖畔的摩梭人仍沿袭母系氏族传统，实行走婚制，这种与众不同的婚姻习俗在现代社会已不多见。

流向东南的金沙江来到石鼓渡口，突然折向东北，形成了罕见的"V"字形大拐弯，人称长江第一湾。石鼓渡口江面宽阔，水势缓和，历来是兵家必争之地。三国时期，诸葛亮南下平定南中，在此"五月渡泸"，为蜀国立下丰功伟业。1936年4月，红军长征北上陕西就选择从这里渡江。至今江口还竖立着"红军长征渡口纪念碑"。金沙江继续北上，山岩对峙、水流湍急、涛声震天，这就是仅30余米宽的虎跳峡了，传说曾有猛虎一跃过江。

自古以来黄河被尊奉为中国的母亲河，其实长江也是中华文明的摇篮。1965年，在金沙江畔发现的云南元谋猿人化石就证明了这一点。距今约170万年的元谋人比在黄河流域发现的猿人要早100万年，是中国人已知的最早的祖先。四川广汉三星堆遗址的发现，将四川盆地的古蜀国历史推到5000年前，证明在中国夏商时期，长江流域的文明程度不亚于黄河流域。

在四川宜宾，金沙江会合了岷江，从这里开始，长江成为这条大河正式的名字。长江展开她博大的胸怀，在泸州接纳了沱江，于重庆

P174
长江三峡指瞿塘峡、巫峡和西陵峡，三峡是长江最壮丽的一段峡谷，它西起重庆奉节的白帝城，东至湖北宜昌的南津关，全长193千米。

P174-175
重庆是西南地区的综合交通枢纽。重庆所处的地理位置决定了它的重要性，铁路线四通八达，长江干流自西向东贯穿重庆。

拥抱嘉陵江，在涪陵与乌江会合。岷江是四川省第一大河，2200多年前在岷江上修建的都江堰水利工程把洪涝灾害严重的成都平原变化为"水旱从人，不知饥馑"的天府之国。天时地利的优越条件使四川人衣食无忧，茶余饭后搓麻将是他们最爱的消遣方式。悠闲的慢生活已经成为成都乃至四川的人文特色标签。

山城重庆位于嘉陵江和长江的交汇处，它三面环水，曾是古代巴国的首邑，如今是西南地区最大的工业城市，也是中国最年轻的直辖市。从美丽的重庆开始，长江著名、壮丽的三峡就展现在世人面前。

有人曾这样拿长江和黄河做比较，如果说黄河催生了中国人的政治、品德意识，那么长江就为中国人提供了美的意象，培养了中国人的审美意识，而三峡可以说是长江景色的精髓。来自上

游的江水奔流在重庆至宜昌193千米长的河段中，穿峡谷越险滩，描绘出"瞿塘雄、巫峡秀、西陵险"的山水画卷。古往今来，抒写三峡的诗篇不计其数，比如唐代诗人李白的诗作："朝辞白帝彩云间，千里江陵一日还。两岸猿声啼不住，轻舟已过万重山。"三峡不仅自然景观壮丽，还有人力建造的伟大工程——长江三峡大坝。这座2009年全部完工的宏伟大坝位于湖北省宜昌市，大坝高程185米，蓄水高程175米，是全世界最大的水力发电站。不过在享受工程带来的巨大的经济效益的同时，三峡工程的移民、地质、生态和安全问题也成为人们关注的焦点。

长江闯出西陵峡的最后一关南津关后，江面骤然开阔，由300多米猛增到2200多米。自此，长江开始自由舒展她的身躯，流入富饶丰腴的中游地段。迎接她的依次是开阔的江汉平原，是和缓的湘江、沅江、汉水和赣江，是平静的洞庭湖、鄱阳湖、太湖……长江的干流与这些支流和湖

P176-177
太湖流域密集的水网造就了
一个富庶的江南，也造就了
一个情趣盎然的江南。太湖
流域水运便利，自古就是经
济发达、人文荟萃之地。

P177 上
这里是长江的最后一条支流
黄浦江。黄浦江从上海市区
穿过，两岸分布着高大的现
代化的建筑群和工业区，最
高的建筑是东方明珠塔，船
只从江上穿梭而过。这里的
一切显得现代、时尚，但百
年来经历的风风雨雨又表现
出一副严峻的表情，使得黄
浦江具有一种特殊的魅力。

泊交织成了细密丰沛的水系，水面上舟楫来往，田埂间稻花飘香，几乎整个中国南部都为之滋养。早在四五千年前，这里就出现了稻作农业为主、渔猎为辅的原始文化，奠定了长江流域成为中国经济重心的基础。

从湖北省枝城到湖南省城陵矶的长江又称为荆江。沿江两岸土地肥沃、物产丰富，一面是八百里的洞庭湖区，一面是辽阔的江汉平原。在汉江与长江的会合处，有一座拥有3500年历史的大城市武汉。由于地理位置优越，武汉在历史上就是军事和商业重镇。

长江继续洋洋洒洒地奔流，江面越来越宽阔，至南京时江面最宽可达2500米。自三国时期吴国在南京建都起，先后有东晋及南朝的宋、齐、梁、陈以南京为都城，故南京有"六朝古都"之称，人口密集，经济发达，文化繁盛。如今的南京是中国华东第二大城市，也是重要的交通、港口、通信枢纽，南京港还是亚洲第一内河大港。

长江自扬州、镇江以下也称扬子江，为人称道的"江南"即泛指长江下游以南平原地区。这里自古就是美丽富庶、文化繁荣之地，小桥流水，田园村舍，古典园林，家家枕水而居，以舟代步。与黄河流域北方城镇的大气、粗犷不同，江南水乡是细腻的、温柔的，既有悠久的商业传统，同时也是开放包容的，以积极的心态迎接现代文明和外来文化，从而成为中国人口最稠密、经济最发达的地区。

长江的漫漫旅程到此即将接近终点，她在入海口创造出了耀眼的辉煌。整个中国最具现代化意义的大都市、被誉为"东方明珠"的上海，就坐落在长江的入海口附近。长江的最后一条支流——黄浦江从上海穿城而过，两岸毗连的一座座摩天大厦昂然耸立。上海已经是国际化的金融、贸易、航运中心，更是引领现代生活的时尚之都。

最后，把崇明岛包围在江中央，继而汇入了茫茫东海，为她近6400千米的旅程画上了一个完满的句号。一路上，长江穿越了从高原、山区到平原的不同地形，穿越了多样性的民族、文化区域，穿越了几千年的中华文明历史，也穿越了从传统古朴到现代繁荣的社会生活。

The Lancang-Mekong

澜沧江—湄公河
永生的诱惑

中华人民共和国
PEOPLE'S REPUBLIC OF CHINA

昌都
Qamdu

临沧
Lancang

缅甸
MYANMAR

越南
VIET NAM

老挝
LAOS

孟加拉湾
Bay of Bengal

万象
VIENTIANE

泰国
THAILAND

巴色
Pakse

柬埔寨
CAMBODIA

南海
SOUTH
CHINA SE

金边
PHNUM PENH

0   160k

澜沧江流出中国国境后被称为湄公河。湄公河可以看作是中南半岛的尼罗河。每年7月至10月，河水都会漫延侵袭柬埔寨和越南南部的冲积平原，并沉积下肥沃而珍贵的淤泥层。

这个广大区域以水稻种植为基础，完全依赖于湄公河及其上涨的河水。就像尼罗河一样，湄公河是伟大文明之父，几个世纪以来，湄公河两岸见证了这些文明的兴衰。就像尼罗河的源头一样，澜沧江—湄公河的源头，迷失在亚洲的中心地带，在很长一段时间里都是一个地理之谜：从1860年起，很多探险队试图找到它们，但都没

P178
青藏高原杂多古城附近的澜沧江一带尽是单调乏味的荒地，此处河流宽度约为100米。

P179 上
位于中国境内的澜沧江，经历了延绵不断的低谷和深渊，当它到达老挝时，水位已经降低了4000多米。

P179 下
源于西藏东部高山的众多溪流淌入澜沧江，小溪之水与大河之流混合在一起，这在当地人看来是一件神圣的事。

有成功。而就在十几年前，中国科学院的科学家利用复杂先进的探测技术，终于定位了源头位置并计算出其总长为4900千米。

　　澜沧江一湄公河发源于中国青海省的唐古拉山，发源地海拔5000米，终年积雪。这条大河几乎一半都分布在中国境内。起初溪流细弱，几乎没有确定的路线，一年中大部分时间都被冰层

P180-181
孔瀑布是湄公河从老挝进入柬埔寨平原的通道，那里的滚滚激流长达6千米，只有最勇猛的渔民才敢冒险通过。进入柬埔寨平原之后，河流又可再次通航。

P180 下
在老挝，渔业是湄公河沿岸村落居民最重要的生活支柱。水力发电站及商业开发使河流中丰富多样的鱼类受到严重威胁。

P181 上
中国境内的澜沧江在纯净无边的大自然中恣意流淌。

P181 下
老挝、缅甸、泰国边境的湄公河沿岸生长着浓密的热带植被。这片被称为"金三角"地区的经济支柱是鸦片种植。

隔挡在干旱的高原上，周围寥落冷清，树丛低矮，低山环绕。据民间传说，河流的源头由一条巨龙守护，保卫这片圣土免受侵犯。对于那些赶着成群牦牛在这片地区放牧的藏族牧民来说，冰冷透骨的河水仿佛具有一种神奇的力量，就像能治愈百病的灵丹妙药。澜沧江最初河段的河水几乎

完全来源于融雪，没有任何重要的支流能显著提升其流量。所以很难想象，这泛起泡沫的潺潺流水竟然最终发展为东南亚第一大河。

澜沧江—湄公河流域面积810,000平方千米，兼跨中国、缅甸、泰国、老挝、柬埔寨和越南6个国家。尽管这条大河历来是重要的商业要道，但依然属于未被人力控制的天然河流：已开发的水电资源杯水车薪，尚不能满足现代经济发展的需要。河流沿岸几乎没有大城市，也没有重要的工业区，跨河大桥寥寥无几。然而，却有超过5千万人口生活在其滋养的这片土地上。澜沧江—湄公河及其支流两岸分别居住着不同族群：中国云南省的各个少数民族，缅甸的佤族和掸族，泰国的伊桑人、泰阮人和泰卢埃人，柬埔寨的高棉人，越南的京族及占族等。仅仅在老挝，就有68个不同的民族。与民族多元性相匹敌的是惊人的动植物种群：湄公河水里生活着1300多种鱼类，其中的一些大型鱼，比如鲇鱼和触须白鱼可以重达250千克。稀有的伊洛瓦底江豚的最后一个庇护所也位于湄公河下游最深处。这样丰富得令人咋舌的生物多样性，恐怕只有亚马孙三角洲地区能够比得过了。

对于澜沧江—湄公河这样坚强而慷慨的大河，人们因为景仰和崇敬，必然会为它取许多名字

和称号，如大江、九龙江、百川之母等。据考证，从源头到老挝、缅甸境内和边界之间长达2200千米的行程中，澜沧江几乎全程在幽深而陡峭的峡谷中奔流跌宕，接连不断地从一段激流翻滚为另一段激流。在云南西部河床更为狭窄，它与怒江（缅甸境内称其为萨尔温江）、长江并流前行。在那片矿物为主的黝黑背景中，绿油油的稻田沿着梯田逐渐向下延伸至崎岖的深谷，为暗色增添了一抹柔和与明媚，让人眼前一亮。在保山以南200千米处，一座人工大坝阻止了澜沧江勇往直前的奔流，为云南省会昆明的工业和矿业提供了充足的电能。为了加速云南经济的发展，中国政府制定了再建八座大坝的宏伟计划。

澜沧江—湄公河对中国和整个中南半岛的发展来说都至关重要。为此，一个宏伟的愿景徐徐

P183 上
在老挝现今的首都万象附近，人们可以骑在这些训练有素的水牛背上，沿着湄公河的沙滩悠然漫步。

P183 下
千佛洞拥有数以千计的佛像石窟，从琅勃拉邦绵延至上游足足30千米的湄公河沿岸。两千年来，这组圣殿吸引了大批朝圣者。

展开：200多个大坝和分水渠将把澜沧江和湄公河及其支流改造为一台高效的生产机器，为该地区的居民服务。工程竣工后将给当地经济带来巨大收益，但从环保和生态的角度讲，其后续须持续关注。

　　越过中国边界后，澜沧江变为湄公河再次自由流淌，经过一段行程后转向东方进入老挝境内，然后向南，再转向东，穿过老挝和缅甸。这段行程中，它接纳了南乌河和长山山脉的其他重要支流。在缅甸、老挝、泰国三国交界一带，树木丛生，热带植被蓊郁繁茂，被称为"金三角"。这里的大部分区域不在政府的管控之下，成为世界上最大的罂粟种植区，毒品交易猖獗。自此而下航行，经过两天的航程，就到了老挝古老的宗教中心琅勃拉邦。高雅圣洁的神庙和古老辉

P182-183
琅勃拉邦地处湄公河畔，曾是老挝神秘的王都及宗教中心。这个城市已被联合国教科文组织列入《世界遗产名录》。

P182 下
老挝琅勃拉邦附近的湄公河沿岸，有座古老的帕派寺，其以精美的雕花木结构和细腻描绘美好日常生活场景的壁画而闻名于世。

煌的皇家宫殿倒映在湄公河中。湄公河有数百千米的河段是老挝和泰国两国之间的界河，但大船在这里能通航的里程并不长：河道里布满露出河面的岩石，汹涌的激流经常干扰航行。不仅如此，毫无规律的季风降雨也来凑热闹，它能直接影响河流的水位高低、潮涨潮落。在水位的波峰和波谷间，河水流量会升降15次之多。经过孔瀑布后，湄公河越过老挝国境，性情变得温顺可人起来：它那鲁莽的情绪在开阔的柬埔寨平原上得到抚慰，它接纳了一系列支流带来的巨大水量补给，包括公河、桑河和斯雷博河等。到达桔井省时，湄公河摇身一变为宽5千米的庞然大河，在任何季节都能通航到三角洲地区。从柬埔寨首都金边往回走几千米处，湄公河与洞里萨河汇合，洞里萨河直接流向柬埔寨中部的洞里萨湖。湄公河—洞里萨河是一个近乎完美的水力体系：在7月至11月的雨季，湄公河流向洞里萨河，从而与洞里萨湖的湖水实现动态平衡，达到蓄水作用；当湄公河水位降低时，河水又开始反向流动，补充湄公河主干的水源。

P184-185
诺罗敦一世修建的王宫如柬埔寨大多数的古迹一样，历史可以追溯到19世纪下半叶。柬埔寨的首都金边位于湄公河与洞里萨河的交汇处。

P185 下左
湄公河与洞里萨河之间的柬埔寨中部地区就像是一个由河流、湖泊及运河组成的水上迷宫，其间散布着许多由木桩房屋组成的小渔村。

P185 下右
湄公河每年周期性的洪水泛滥都会影响到柬埔寨南部的广大地区，洪水将广阔的平原变成一片汪洋。在随后的几个月里，木桩房屋的小渔村将与其他各地隔海相望。

P186-187
在越南南部湄公河三角洲迷宫般的航道中，独木舟是一种理想的载货与交通工具。人们借助独木舟往返于村庄和田埂之间，它为人们的日常工作和生活提供了不可或缺的帮助。

P186 下
在湄公河三角洲最偏远的地区，当地居民依靠传统的木船来实现村庄之间的运输和往来沟通，越南南部的居民从远古时代就开始使用这种方式了。

P187 上和下
反复无常的湄公河每年都会淹没三角洲的大片区域，这是多少世纪以来当地居民不得不面对的难题。从这些照片可以看出，即便村庄被洪水淹没了许多，人们的生活依然如旧：一个男孩做着杂务，似乎并不在意家门口的泥水；而另一名男子则站在水牛背上，避免身体浸入泥水之中。

　　这些大湖就好像洪水调节器，同时确保为旱季的三角洲提供充足的水源，以减少盐碱化的持续威胁。

　　这种自然机制的控制，在最微小的细节上都得到了完善，是促进9—13世纪高棉文明发展与繁荣的秘密所在。柬埔寨王国的古都吴哥位于洞里萨湖的最北端的暹粒平原上，是柬埔寨土地最肥沃的地区之一。由水汊、灌溉渠、水塘和人工湖组成的庞大水系网环绕着吴哥豪华的寺庙和宫殿，这充分证明了高棉帝国的繁荣与专业的水系管理息息相关。面积达600平方千米的吴哥遗迹分成吴哥窟与吴哥城两大建筑群。世界级的伟大建筑吴哥窟是寺庙建筑群，也是高棉古典建筑艺术的高峰。一道明亮如镜的长方形护城河，围绕着郁郁葱葱的绿洲，在三道围墙的重重保护下，金字塔状的寺庙高耸入云。台基、回廊、不计其数的精美浮雕等引人入胜的古迹都是当时宏伟王国取得辉煌功绩的永恒证明。吴哥窟的不远处就是被巨大城墙环绕的吴哥城，林荫道、建筑物和广场恰如其分地统一在一起，和谐大气。这组庞然的建筑群中，以巴戎寺最为复杂精妙，50座佛塔内是巨大的佛陀半身像，佛像的嘴角挂着永恒的微笑，这就是令吴哥城蜚声世界的"高棉的微笑"。

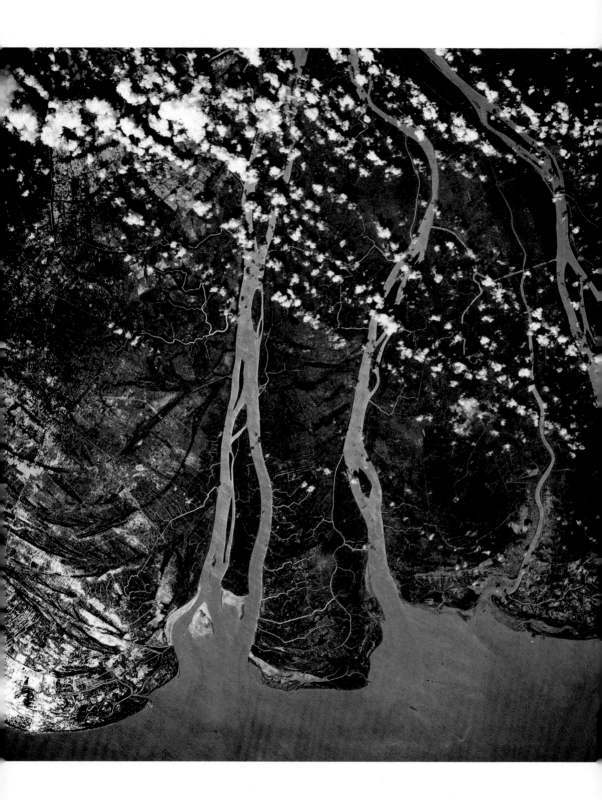

如果在某种程度上说，吴哥是湄公河的女儿，那么更可以说，如今的柬埔寨，甚至历史上的高棉帝国，都离不开这片亚洲肥沃三角洲的哺育和润泽。湄公河三角洲像一个头顶金边市的巨大三角，面积达44,000平方千米，包括了柬埔寨及越南南部地区。进入南海之前，湄公河分成前江和后江两条支流，并在穿越密不透风的红树林和沼泽时延伸出无数条迷宫般的汉流和渠道。这片水陆兼备的区域居住着1500万人口，这方水土产出的水稻占越南全国总产量的一半。人们在红树林区精心饲养鱼虾，幽暗的树林为这些用于出口的优质鱼虾提供了理想的栖息环境。熬过了战争的长期抑制，三角洲成为推动越南经济复苏的强大动力源。如今，这片土地迎来了和平，湄公河将重拾昔日动脉的角色，为当地的人们带来和谐与美满。

第四章
北美洲　　　　　　　　　　　NORTH AMERICA

　　北美洲的河流系统受其特殊的地形特征影响很大。从阿拉斯加到墨西哥，整个北美大陆被一系列与太平洋海岸平行的巨大山脉横穿。最主要的阻碍是向北延伸到加拿大的落基山脉和令人叹为观止的阿拉斯加山脉。因此，与流入大西洋和墨西哥湾的河流相比，北美洲西部的河流更短、流量更小，滚滚激流和直泻而下的瀑布打断了西部河流的奔腾，阻碍了船只的航行。

　　其中一些在高原上奔腾的河流如科罗拉多河，冲刷出了地球上最深邃、最壮观的大峡谷。除了约3200千米长的育空河，另外值得一提的就是哥伦比亚河及弗雷泽河了。落基山以东是北美大平原，从北冰洋一直延伸到墨西哥湾和阿巴拉契亚山脉。这片陆地上的大河连同它们的支流和湖泊网络交织在一起，拥有北美洲四分之三的淡水。

　　密西西比河—密苏里河水系流域面积超过300万平方千米，仅次于尼罗河和亚马孙河流域，是法国国土面积的5倍。同样令人震撼的是马更些河水系，它全长4241千米，途经广阔的大三角洲，最终注入北极圈以北冰冻的波弗特海。阿萨巴斯卡河、大熊河及皮斯河，加上较小的支流网络，携带着来自加拿大的湖水流入马更些河。丘吉尔河、纳尔逊河、朱斯河、塞文河及奥尔巴尼河均流入哈得孙湾。北部的河流每年大部分时间都处于结冰期，无法用于商业交通。相较而言，从经济学的角度讲，哈得孙河及圣劳伦斯河显得尤为重要：17世纪初以来，它们开阔的河口一直是探险家和开拓者通向美洲的门户。

  这两条河流通过一系列甚至可以通行大船的运河相连，而它们又将纽约、蒙特利尔与北美五大湖和富饶的工业区及内陆的农业区连接起来。除了育空河和马更些河，北美洲几乎所有的河流都流经高度发达和人口密集的地区。众多大坝、水电站和泄洪道控制着这些水源的流向，给予原本荒芜的大片土地以水源的滋养。

  历史短暂却繁荣的北美洲大陆就这样植根于河流流贯的大片沃土之上。

P190 左
美国明尼苏达州密西西比河源头的鸟瞰图。

P190 中
位于纽约曼哈顿哈得孙河畔的无畏号海空航天博物馆。

P190 右
位于加拿大和美国边境圣劳伦斯河上的千岛群岛。

P191
位于墨西哥索诺拉沙漠科罗拉多河的三角洲。

The Yukon

育空河
冰下宝藏

楚科奇海
CHUKCHI SEA

美国
UNITED STATES

育空堡
Fort YuKon

加拿大
CANADA

塔纳诺
Tanana

道森
Dawson

阿拉卡纳克
Alakanuk

霍利克罗斯
Holy Cross

怀特霍斯
Whitehorse

芒廷村
Mountain Village

白令海
BERING SEA

阿拉斯加湾
Gulf of Alaska

0   300km

克朗代克河看起来不过是一条不起眼的山谷溪流，在北美洲西北地区的地图上几乎看不到它的踪影。然而，克朗代克河比庞大的育空河还要声名卓著，它的河水在距离阿拉斯加边界不远处的道森小镇附近流入了育空河。19世纪末期，那片仅仅被部分开发的偏远地区掀起了北美历史上最后一场也是最戏剧性的淘金热。第一批金块是1897年在博南萨河被发现的，博南萨河是克朗代克河的一条小支流。这个消息在短时间内像野火般迅速传开，很快，一群满怀希望的探矿者来

P192
覆盖育空河流域东部地区的原始森林是北美洲北部特有的大型野生动物的领地。仅在加拿大的育空地区就有约1万只棕熊和7000多只灰熊。

P193 上
阿特林湖地处加拿大不列颠哥伦比亚省的山区，湖四周是崎岖而原始狂野的景色。育空河的真正源头来自冰川底部。

P193 下
官方认为阿特林湖是育空河的源头。但阿特林湖其实是收集加拿大西北部山脉流淌下来的冰川水的第一座天然水库。

北美洲

到育空河谷：不同年龄段、不同国家的人们携带着简陋的装备涌入道森城，一夜之间，这个小城就变成一个拥有30,000人的狂热的国际性城市。通向克朗代克金矿区的道路途经奇尔库特小道，那是从太平洋沿岸到育空河的源头冰川湖群的唯一通道。为了到达道森，人们必须沿河而下，这项任务绝对比想象的艰险而复杂。

P194 上
怀特霍斯是一座古老的汽船渡口，直到1950年一直有河流将它与白令海相连，它并没有像该地区其他城镇一样衰落。如今，它是加拿大育空地区最大的城市。

P194 下左
道森如今是一个生活节奏缓慢而悠闲的小镇，它曾是育空的首府以及克朗代克地区淘金热的中心。1897—1900年，道森聚集了来自世界各地的人们，人口曾达3万。

P194 下右和P194-195
五指急流扰乱了加拿大西北部卡马克斯下游育空地区河道的平静。五指急流的名字来自露出河面的玄武岩脊，它们将河流分成了五股，曾经是怀特霍斯与道森之间的通航障碍的急流，现在成了一处令人流连忘返的观光胜地。

　　育空河出了冰川湖之后，便在迈尔斯峡谷的玄武岩壁间流淌，水流速度越来越快，形成的大浪猛烈撞击着岩石，而后又迅速落在怀特霍斯急滩中。尽管狂怒的河水受到下游一座大型大坝的约束有所收敛，但这段航程仍然面临着重重困难。1898年的夏天，150多只船在迈尔斯峡谷沉没——这些船通常是由树干简单捆扎匆忙制作而成，在这些沉船事故中，热血的淘金者失去了他们的财产，有的人甚至失去了生命。即便有人能安然无恙地扛过这段激流，他们仍然要独自面对险恶的环境，那里距离最近的城镇还有数千千米远，没有任何求助的希望。

　　可以用一系列词语来描述这个被称作育空地区的生活条件——孤独、灾难、艰难，还有堪比但丁《神曲》"地狱篇"所描述的繁重劳动。这里许多地方的冬季气温常低于零下40℃，恰如身处冰冷的地狱中。雪的融化和春天的来临引来了另一种"天灾"——成千上万只蚊子蜂拥而至，即便最淡定、最有毅力的人在这种环境下也会疯狂。作家杰克·伦敦曾经历过著名的淘金热，他回家时已身无分文，他用一种讽刺的幽默描述了这些蚊子，说它们能够扑向熊熊燃烧的火炉。炼金绝不是一件简单的事。育空河谷及其支流附近的土壤全年大部分时间都处于厚厚的冰冻状态，有的地方即使在盛夏也是如此。冰冻层坚如磐石且不透水，所以只能耐心地用火或蒸汽将其融化。数千名探险者想在克朗代克地区碰碰运气，但能发现丰富矿藏的人屈指可数；对其他探险者

来说，北方传说中的宝山依然是海市蜃楼，结局常常以悲剧收场。这部现代史诗如今已物是人非，只留下生锈的凿刀、平底锅和筛子，还有被杂草包围的汽船，以及简陋小木屋的废墟了。

　　育空河如今依旧保持着狂野而孤独的特性。它全长3185千米，仅有四架大桥建于最重要的城镇以及通往阿拉斯加中心的重要公路上。育空河发源于不列颠哥伦比亚省的阿特林湖，那里距太平洋海岸仅25千米。过了怀特霍斯的急滩后，育空河向西北方向行进，这时河流的深度和宽度已足够小型蒸汽船通航了。在1942年阿拉斯加高速公路竣工之前，河运是该地区唯一的交通方式。怀特霍斯拥有23,000人口，在育空河流向白令海的漫长旅途中，怀特霍斯是它穿过的唯一一个名副其实的城镇。其他城镇都小得可怜——50个居民加上几间木屋便足以在育空河流域的地图上被称为一个村庄。育空河流域拥有面积达900,000平方千米的苔原和原始森林，约是意大利国土面积的三倍，而人口只有126,000人，也就是说，仅仅是佛罗伦萨人口的三分之一。漫山遍野的针叶林和白桦林是众多棕熊、灰熊、北美驯鹿、狼和麋鹿的家，它们能在这个巨大的天然庇护所里自由漫步。

　　过了怀特霍斯，育空河接纳了它的第一批重要支流——特斯林河、佩利河、斯图尔特河与怀特河，它们都发源于圣伊莱亚斯山脉的巨大冰川，圣伊莱亚斯山是北美第四高山，海拔5489

P196 上
经过育空平原后，育空河在蜿蜒且边界清晰的河道中缓缓前进，逐渐与它的一条重要支流塔纳诺河的交汇处靠近。远方，布鲁克斯山脉遮住了北方的地平线。

P196 中
冰冷的育空河里生活着大量鲑鱼。渔业为阿拉斯加人提供了良好的生活，一天之内可以捕上数百条鱼。

P196 下
育空河流域几乎完全无人居住，尚未受到现代文明的侵袭。在这里可以经常看到麋鹿，这些大型食草动物可能有两米高，体重可达一吨。

P196-197
森林大火燃起的烟雾凌空升起，模糊了阿拉斯加州育空河平原上无边无际的地平线。河流在平原上变宽，形成一片迷宫般错综复杂的湖泊及河道网。

米。在与佩利河汇合的地方，育空河穿过塞尔扣克堡遗址，这是哈得孙湾公司旧时的商贸第一站——远在淘金热之前，这里大量的兽皮动物吸引了最早一批前来此地的冒险者。育空河地区的兽皮与黄金很快就被证实是难以获得且昙花一现的财富。黄金矿脉不久之后被采掘殆尽，这标志着道森的急速衰落，它现在只是一个拥有2000人口的沉睡村庄了。周围的矿采仍在进行，一些倔强的人们还在使用旧方法想要"淘"到河中的金石。在"英雄辈出"的道森时期，黄金可以作为硬通货使用，那个时期新鲜水果的价格高达每千克10美元，但这一切都已成为遥远的过去。

在群山和峡谷中穿行了1000千米之后，育空河来到了阿拉斯加，它突然性情一变，流入宽广的冲积平原。只有远处崎岖的布鲁克斯山脉伫立在北方的水平线上，庄严肃穆地高耸着。育空河现在摆脱了特定河岸的

束缚，迅速分成上百条水道，延伸成宽阔的曲流，水流在水塘和干涸的河道中不断地变换着形状和方向。

　　这片湿地营养物质丰富，是候鸟钟爱的栖息地。每年有200万只鸭与鹅在育空平原的自然保护区筑巢安家。每年8月，大量太平洋鲑鱼顺着白令海峡逆流而上，回溯1600千米赶到这里产卵。

　　对于阿萨巴斯卡河流域的印第安人来说，捕捞鲑鱼是他们的主要经济支柱，他们的祖先在25,000年前从西伯利亚横渡白令海峡而来。他们最初的领土包括阿拉斯加内陆的大部分和加拿大育空地区。他们和因纽特人生活在一起，仅占育空河流域人口的15%。阿萨巴斯卡人和因纽特人通常居住在育空河及其支流沿线的小城镇中，他们主要以狩猎和直接开采自然资源为生，这种原始的生活方式除了有利可图外，还有助于保持自己的民族特征，以及他们与过去割舍不断的纽带。

　　育空河进入北极圈后，在育空堡附近与波丘派恩河汇合，然后突然向西南方向拐去。育空河在下游与它的一条重要支流塔纳诺河交汇，这是一条由阿拉斯加山脉上融雪形成的河流。塔纳诺

在阿拉斯加和加拿大边界，伊格尔附近的育空河覆盖着一层厚厚的坚冰。尽管引进了机械设备，但狗拉雪橇仍然在育空地区被广泛使用。

北美洲

河有时会突发洪水，相当危险。1967年8月，一场罕见的暴雨洪水吞没了河道，冲垮了堤岸，致使费尔班克斯被完全淹没，带来了难以估量的损失。

对育空河两岸的村民来说，当冬天覆盖在河面上的厚厚的冰层在春天开始破裂时，他们面临的真正困难才刚刚出现。巨大的冰块被激流推搡着，破坏力粉碎了沿途的一切，最后又杂乱无章地堆积在河岸上。这些冰块有时候会阻碍水流，形成一个巨大的"天然大坝"，使上游水位迅速升高，甚至引发灾难性的洪涝灾害。

过了加利纳镇，育空河一个急转弯，向南方的霍利克罗斯流去。俄罗斯米申小镇就在前方几十千米远的河流右岸。1837年，一群俄罗斯探险者和商人在"大北地区"设立了欧洲第一个贸易点。但是俄国殖民地的存在时间相当短暂：俄罗斯米申建成30年后，沙皇亚历山大二世以720万美元的价格将阿拉斯加和当地居民一同卖给了美国——无论按照什么标准来说，这都是一个低得离谱的价格。如今，对生活在育空河三角洲的因纽特人来说，白种人就是指哥萨克人。俄罗斯厚重的遗产在那里留存了下来，世代相传——它存在于当地的地名中，存在于当地人的风俗习惯中，更存在于俄罗斯东正教的传统中。

育空河渐渐向北蜿蜒流向白令海，在一片广阔的沼泽三角洲流入大海。孤独的北冰洋地区万籁俱寂，唯一的声音就是河流微弱的潺潺水流声了。

The St. Lawrence

圣劳伦斯河
鲸鱼之乡

加拿大
CANADA

魁北克
Québec

蒙特利尔
Montréal

奥格登斯堡
Ogdensburg

美国
UNITED STATES

大西洋
ATLANTIC OCEAN

0　200k

河流的长度通常是指从源头到入海口的距离，但圣劳伦斯河是一个例外，因为它的源头和入海口均难以确定。

位于美加边境的庞大的湖泊体系是世界上最大的淡水湖泊群，也是圣劳伦斯河流域重要的组成部分。苏必利尔湖、密歇根湖、休伦湖和伊利湖实际上相互联通，并与安大略湖连接在一起，那里有唯一的出口——圣劳伦斯河。因此，可以说圣劳伦斯河发源于苏必利尔湖以西的德卢斯，而著名的尼亚加拉大瀑布也可以算得上是圣劳伦

P200
这些能容纳24名桨手的锥形龙舟在安大略湖上划行，就像从晶莹剔透的湖面上飞掠而过。

P201 上
安大略省风景如画的朗苏通道将一群小岛连在一起。建设圣劳伦斯河航道时，这里形成了一个巨大的湖泊，这些小岛成了仅有的几个浮在湖面上的陆地。

P201 下
复杂的水闸和堰系统调节着圣劳伦斯航道上过往的船只，远洋轮船也能经此前往苏必利尔湖的德卢斯港。

斯河的奇迹之一了。然而圣劳伦斯河到底从哪里流入大西洋也是一个悬而未决的问题。圣劳伦斯河的最末段是一个无边无际的河口，它又宽又深，并且具备了一个海湾的所有特征，即使在深入内陆几百千米处，咸水依然多于淡水。

但按照官方说法，圣劳伦斯河发源于安大略湖，在安蒂科斯蒂岛附近结束它的征程——前提是假设边界可以通过河水行迹来追溯。事实上，圣劳伦斯河的特点取决于历史原因，而非地理因素。五百年来，圣劳伦斯河一直是探险家的通道，是重要的商业航道，以及通向加拿大原始内陆的门户。1535年，法国探险家雅克·卡蒂埃成为第一个抵达圣劳伦斯河的欧洲人。正如当时其他众多探险家一样，卡蒂埃希望找到一条通向北方的通道，越过美洲大陆，并最终到达富饶无

康沃尔河下游的一个大坝已经把朗苏瀑布淹没，圣劳伦斯河恢复了它昔日的美景，形成的内陆三角洲为数百种鸟类提供了绝佳的栖息地。

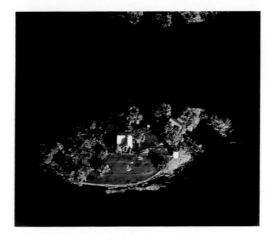

P204 下和P205 上
圣劳伦斯河流出安大略湖后，沿途点缀着许多小岛，一些岛屿要么无人居住，要么只有一些非常低调的小屋，而其他小岛上已经建起了企业大亨的豪宅。心形岛上的伯特城堡修建于一个多世纪之前，共有120个房间，是纽约一个富庶的酒店商人送给新婚妻子的结婚礼物。

P204-205
加拿大安大略省圣劳伦斯河左岸是接连不断的自然保护区与全景观光和旅游区。其中圣劳伦斯河公园每年能吸引约150万名游客慕名而来。

P205 中和下
千岛群岛的小岛数量实际上几乎是"千"这个数字的两倍，它浮现于安大略湖附近的圣劳伦斯河的深水区域，在加拿大和美国的纽约州之间划出零碎的边界。在这个绝美超凡的独特环境中，圣劳伦斯河被分成无数细流，好像在刻意隐藏它的雄伟壮丽。

比的东方。圣劳伦斯河在群山中奇迹般地打开了一个宽阔的缺口，非常引人注目。当他来到后来被称为拉欣的急流时，他那光辉的梦想在如今的蒙特利尔区上空破碎了。他做梦也不想看到这个令人啼笑皆非的转折，从蒙特利尔开始，这条河就无法通航了，而它周围的陆地上也找不到天赐的通道。在踏上归途之前，卡蒂埃庄严地将那块远方的陆地以法国国王的名字命名。

任务失败了，船队踏上了返程却并没有带回黄金和贵重商品，而让人期待的远至中国的航路依旧未知。但事实上，法国对新大陆的殖民统治只是向后延期了。73年后的1608年，塞缪尔·德·尚普兰建立了魁北克前哨，之后这里发展成了加拿大繁荣省份的核心。卡蒂埃和尚普兰的遗产一直留存至今：魁北克城如今仍是美洲法语区的中心，而这片法语区占据了拉布拉多半岛的大部分。圣劳伦斯河可以说是一条具有别样法国特色的加拿大河流：河畔的城镇和村庄都有

法式风情；那里的大部分居民信仰法国天主教；当地的文化、传统和烹饪都是法国特色的，比加拿大的其他地区更加精致、考究。

魁北克曾不惜一切代价企图从加拿大独立出来，当这种严酷和暴力的分裂主义时期成为过去后，这里就开始以惊人的速度发展。与过去一样，圣劳伦斯河在魁北克的经济发展中依然扮演着重要角色。圣劳伦斯河航道于1959年建成，将蒙特利尔港、魁北克港与五大湖连接起来，一系列的运河、水闸和通航湖泊使大型轮船在较短时间内就能到达多伦多和美国中部各州的工农业区。美国中西部的玉米、加拿大和美国平原的小麦、拉布拉多的铁矿、阿巴拉契亚山脉的煤炭以及钢铁、机械和高科技产品，都通过几个世纪前新法兰西缔造者们开辟的皮毛捕猎者的旧航线运往大西洋。

出了安大略湖，圣劳伦斯河已经成长为一条羽翼丰满的大河了，它端庄气派地流经数百个丛林覆盖的小岛。

这就是千岛群岛，它以无与伦比的美丽被莫霍克人称为"伟大精神的花园"。约1800个小岛点缀着圣劳伦斯河上游约90千米长的河道。其中一些小岛只不过是露出水面的花岗岩小峭壁，而其他一些岛屿则覆盖着繁茂的植被，面积也大得足够容纳豪华的宅邸。圣劳伦斯河湛蓝的河水几乎能触碰到房屋的门槛，却从来不会危及居民的生命和财产

安全。这条河形成于6亿年前，水中几乎不含任何悬浮的泥沙，也从不受洪涝灾害的影响，这要归功于安大略湖及其他内陆湖对圣劳伦斯河水位的调节作用。

圣劳伦斯河有150千米的河段是美国纽约州和加拿大安大略省的分界线，然后流向魁北克，在那里它最主要的支流渥太华河融入其中。蒙特利尔地处圣劳伦斯河下游稍远的地方，背靠着低

矮的罗亚尔山，是探险家卡蒂埃最先很有远见地预测到法国在美洲统治的地方。蒙特利尔作为通往五大湖的重要一站，是加拿大重要的港口之一。一支由破冰船组成的船队航行其上，以保证圣劳伦斯河全年通航，即便在隆冬季节也是如此。接下来，蒙特利尔下游的圣莫里斯河和来自尚普兰湖的黎塞留河注入圣劳伦斯河，圣劳伦斯河在三河城附近变宽然后流入广阔的圣皮埃尔湖。

过了魁北克城，圣劳伦斯河的外观和特征突然发生了改变——奥尔良地区的钟楼和法国诺曼底风格的斜顶房屋宣告着漫长河口的开始，它打开了位于加斯佩半岛和劳伦琴高地北岸边缘陡峭岩层间的狭口地带。来自大西洋的潮水远道而来，每天将几乎是河水正常流量10倍的咸水注入巨大的峡谷。这些能量可畏的潮水、风暴和厚厚的云雾曾经对航行构成巨大威胁，因而有时数百艘帆船、货船、渔船和汽船会滞留在圣劳伦斯河下游河段，那里一些地方的水深可达300米。

魁北克是法属加拿大的母亲城，拥有19世纪弗兰特纳克堡式的众多尖塔建筑，是魁北克城市建筑的主要特征。老城区内的狭窄小巷仍被围墙围住，古建筑俯瞰着圣劳伦斯河，让你误以为自己置身于法国北部的某座城市。河流右岸散布着不少村庄，有些坐落于向河岸微微倾斜的耕地之间，像蒙马尼、圣让－波若利和特罗匹斯托等，都具有典型的法式建筑风格。

P210 上
魁北克城是1608年由塞缪尔·德·尚普兰兴建的，周围曾经围绕着厚厚的防御城墙。这座城市中现在依然保留着许多重要的遗迹。

P210 下
圣安娜－德贝尔维镇是该地区较为古老的小镇之一，是一个非建制城镇，位于蒙特利尔岛西部一隅。无数交织如网的铁路及高速公路桥梁将这个小镇与内陆地区连接起来。

P210-211
无论是夏天还是冬天，即使圣劳伦斯河上覆盖着厚厚的冰雪时，魁北克都依然保持着它的无限魅力和浓郁风情。

P211 下
一座长长的吊桥将奥尔良岛与魁北克下游的圣劳伦斯河左岸连接在一起。这座长32千米、宽8千米的岛屿是卡蒂埃在1535年发现的。

　　继续向东而行，河岸两侧逐渐荒芜起来，城镇也越来越少。这是峻峭的加斯佩半岛的开端，它的峭壁一直延伸到圣劳伦斯湾和纽芬兰海域，那里拥有世界上最丰富的渔产资源。寒冷的拉布拉多洋流穿过河口一直涌至塔杜萨克附近与萨格奈河交汇，携带着大量的有机质和浮游生物，这

P212-213
连绵不断的村庄、草场和农田，以及成片的野生植被构成了魁北克下游圣劳伦斯河右岸的美丽风光，这里依然保留着典型的法属风情。

P212 下
加斯佩半岛向圣劳伦斯湾延伸，这里风景如画。图中这块巨型石灰岩由大西洋风暴长年累月的侵蚀塑造而成，被称为佩尔塞巨石。

P213 上
位于塔杜萨克的圣劳伦斯河左岸，无论从穆兰－博代尔湾还是其他海湾，均可鸟瞰圣劳伦斯河的壮美全景。

P213 下
阿卢埃特角位于萨格奈河与圣劳伦斯河交汇处附近，那里的沙洲与岛屿构成了许多候鸟理想的筑巢环境。

是富足的生态系统赖以生存的物质。该河段是白鲸及其他六种珍稀鲸类的庇护所之一。圣劳伦斯河全长1287千米，发源于安大略湖的平原地带，安蒂科斯蒂岛林木丛生的海岸标志着其漫长征程的结束。一路上，它穿过了北美最壮观的自然风光，而这些地方也是浓缩了数百万人的历史和社会特征的地区。

The Hudson

哈得孙河

美洲之镜

格伦斯福尔斯
Glens Falls

奥尔巴尼
Albany

纽约
New York

美 国
UNITED STATES

大 西 洋
ATLANTIC OCEAN

0　120km

　　1609年9月2日，荷兰东印度公司的一艘小帆船"半月"号驶入纽约湾海域，那时它的周围还是茂密的森林。亨利·哈得孙船长是一个英国人，具有多年的航海经验。入海口的尽头有一个瓶颈般的狭窄通道。"半月"号帆船轻松穿过布鲁克林和斯塔滕岛之间的纽约湾海峡，进入一个内陆海湾。哈得孙马上意识到：第二个入口准是一个大河口。这条大河宽约1.6千米，直接通向未知的内陆。或许它并不像阿姆斯特丹商人期望的那样通向中国，但它的的确确值得探索。大约20天后，"半月"号在今天的奥尔巴尼附近，即位于哈得孙河口以北大约250千米处抛下了锚。从那里开始，河流狭束，河水也变浅了，探险家们无法继续他们的考察工作。10月上旬，"半月"号再次驶入公海并返回欧洲。回来之后，哈

P214

阿迪朗达克山是哈得孙河流域与圣劳伦斯河流域的分界线，当哈得孙流流经这座高山时，激流与瀑布扰动了它的清流。这里大部分地区已经被划为自然保护区。

P215 上

帕利塞兹沿线秋意阑珊。哈得孙河右岸是100～150米高的岩石峭壁，从哈弗斯特罗一直延伸到纽约郊区。

P215 下

无数溪流及1300多个冰川湖点缀着阿迪朗达克山。哈得孙河发源于该山脉最高峰马西山麓下的一个小湖。

得孙解除了他与荷兰东印度公司的合约，回到英国王室服役。不过，他的探险航程使荷兰得以快速组织对这些潜在富饶地区的殖民。1624年，荷兰建立了曼哈顿岛上的新阿姆斯特丹（纽约的旧称）和奥尔巴尼附近的拿骚堡贸易前哨。

在英国来此之前长达40年的时间里，哈得孙河都是荷兰在新世界实现霸权的支柱，这一点可以从河流沿线许多地方的名字上看出来，比如斯塔滕岛、扬克斯、伦斯勒、斯凯勒维尔、布鲁克

林和霍博肯。美国独立战争中的一些重大战役发生在哈得孙河两岸，为民主与公平原则的崛起铺平了道路，自此以后，这两条原则成了美国社会的重要支柱。纽约成功的商业经济成为现代西方的象征，它就建立在哈得孙河的基础之上，美国的第一条铁路和工业帝国也诞生于此。河流及其沿途的美景激发了一代代艺术家们的灵感，包括风景画家托马斯·科尔和弗雷德里克·丘奇，他们于1825年创立了哈得孙河画派；美国第一位享誉世界的作家华盛顿·欧文也是在塔里敦附近的森尼赛德度过了他生命中的最后几年，那里距宽阔、壮观的哈得孙河不过扔一块石头的距离。哈得孙河不仅仅决定了一个国家的命运，还决定了这个国家的特色和身份，象征着它的精神和矛盾。这些与它的长短无关，因为它的长度不过500千米，是美国较短的主要河流之一。

哈得孙河起源于海拔约1400米的阿迪朗达克山脉上的云泪湖，阿迪朗达克山脉正是哈得孙河流域和圣劳伦斯河流域的分界线。从源头到格伦瀑布，哈得孙河看起来就像一条流淌在高山的激流，有很多急流和小瀑布。一旦离开高山，哈得孙河立马变了性情——从爱德华堡到特洛伊，它的河道被开辟成可以连续通航的运河，连接纽约州的驳船河运系统，这是一个大型水运系统，将奥尔巴尼、纽约与五大湖、圣劳伦斯河航道连接在一起。从与莫霍克河的交汇到注入大西洋，哈得孙河就如一个平静而开阔的河口湾。河流的中下游有被地理学家称为地下河谷的水域，它是数亿年前地壳运动和强烈侵蚀综合作用的杰作。这条几千米宽、300多米深的裂缝伴随着海底的峡谷延伸，越过哈得孙河口一直到达大陆架边缘。平缓的坡度、没有明显的洪水期，以及适度

P216 上和中

在酷寒的严冬，哈得孙河面会结上厚厚一层坚冰。这些图片是2003年1月寒流侵袭美国东北部时拍摄的，当时，整条河流的交通完全瘫痪。

P216 下

在严寒的冬季，哈得孙河变成了一个巨大的"滑冰场"，能够承载冰船的重量，为生活在沿岸城镇的人们提供极佳的娱乐和运动场所。

P216-217

数个世纪以来，奥尔巴尼以南的哈得孙河一直以宽广深邃著称，两岸之间难以逾越。直到1925年，第一个用于车辆通行的熊山浮桥才在蒙哥马利堡建成。

的潮汐，使哈得孙河成为一条探索内陆的理想通道。因此，早在汽船往返密西西比河之前，以蒸汽为动力的航运交通就在哈得孙河蓬勃壮大——出现这种现象绝非偶然。

在到达奥尔巴尼之前，哈得孙河经过一个开阔且偶有起伏的地区，这些平原位于斯凯勒维尔以西几千米处，是美国独立战争中爆发决定性战役之一的战场。由约翰·福克斯·伯戈因将军率领的来自加拿大的英国军队在萨拉托加被打得溃不成军，这次耻辱性的失败可以说是致命一击，革命分子从此扭转了局势。继续沿哈得孙河顺流而下，交通渐渐繁华，工厂也越来越多。从1797年起，奥尔巴尼一直是纽约州的首府，并逐渐成为重要的河港和交通枢纽，数以百万吨的货物通过奥尔巴尼运往美国各地。

　　自19世纪中期铁路运输系统建成之后，哈得孙河沿线实现了飞速的跨越式发展，但也为此付出了高昂的代价。昔日让众多诗人、作家和艺术家为之着迷的哈得孙河的狂野壮观景象，后来都消失殆尽了。工业化给哈得孙河带来的现实损失远远大于精神范畴的伤害，很短的时间里，哈得孙河就沦落为世界上污染严重的河道之一。1965年，参议员罗伯特·肯尼迪曾直言不讳地称哈得孙河为"露天下水道"，而且丝毫没有夸大之意。几十年来，数百家工厂将不同的污染物成吨地倾入哈得孙河。可以说，哈得孙河即便没有死亡，也昏迷不醒了。出乎意料的是，它之后竟奇迹般地死里逃生，如今已经完全康复——这要归功于美国环保协会的不懈努力以及政府的承诺和相关政策的落实。哈得孙河口的淡咸水里含有丰富的营养物质，使之成为多种鱼类的重要繁殖地，它们每年都逆流而上去河流上游产卵。纽约州生产和出口的优质鱼子酱，丝毫也不逊色于里海的鱼子酱。大西洋鲟鱼消失了数十年后，现在终于又能在哈得孙河口看到它们的身影。一些人坚定地认为，一个世

P218-219
哈得孙河周围的自然景色激发了许多闻名于世的画家和作家的灵感，如纽约派文体的开创者华盛顿·欧文。

P218 下
成立于1802年的西点军校位于哈得孙河右岸，占地65平方千米。著名的作家埃德加·爱伦·坡曾在这里学习，但后因不守纪律而被开除。

P219 下
塔潘湖的咸水水域是塔里敦附近的哈得孙河面变宽形成的大湖，因为富含鱼类的食物，这里成为许多鱼类理想的繁殖地。

纪前繁荣的商业时代真正回归了。

从奥尔巴尼到纽堡，哈得孙河流过卡茨基尔山区陡峭的山坡，穿过成片的丘陵和乡村。对第一批荷兰拓荒者来说，这些覆盖着茂密森林的山区是一个充满神秘色彩而又危机四伏的地方，因为那里居住着英勇善战的印第安人，而且时常有野生动物出没。几乎延伸至奥尔巴尼的大部分哈得孙峡谷都是特拉华州印第安人的领地，而莫希干人生活在其北面，好战的易洛魁人则生活在西面。他们经历了与欧洲的殖民战争，遭受了瘟疫疾病的摧残，土地也逐渐被剥夺，到18世纪中期时，所谓的大河印第安人在地球上永久地消失了。如今的卡茨基尔山区已经失去了神秘的光环，成为非常受哈得孙河沿岸居民欢迎的休闲度假胜地。从海德公园到莱茵贝克镇，哈得孙河沿岸分

P220-221
曼哈顿南端林立着纽约金融区的摩天大楼，这里是世界经济的神经中枢。该市地处哈得孙河河口的战略位置，这是曼哈顿承担这种使命的原因之一。

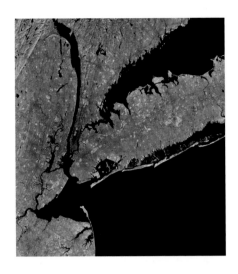

P221 上
纽约是世界特大城市之一。从卫星图可以看出，哈得孙河航道将布鲁克林、曼哈顿与新泽西分开了。

P221 下
停泊在曼哈顿哈得孙河上的巨型航空母舰"无畏"号长250多米，是"无畏"号海空博物馆的镇馆之宝，该博物馆是纽约受欢迎的旅游景点之一。

布着葡萄酒庄、果园和豪华庄园，在过去的一个世纪里，它们都曾属于工业巨头和金融大亨，比如范德比尔特家族和阿斯特家族。

过了纽堡后，哈得孙河进入山岳地带，从树木繁茂的山丘群中渐次穿过。美国著名的军事学院西点军校就坐落在哈得孙河拐弯处，那里的水深超过70米。从狭窄的河道出

P222 上

俯瞰哈得孙河口的现代高楼环绕着北湾码头，那里是游艇爱好者的天堂，也是人口密集的曼哈顿必不可少的绝佳休闲场所。

P222 下

曼哈顿正对面是通往美国的门户埃利斯岛，1892—1954年，超过1200万移民都要在这块"宣誓地"上停留。1990年起，埃利斯岛成为移民博物馆所在地。

P222-223

帝国大厦的塔尖划破了曼哈顿的天空，曼哈顿俯瞰着哈得孙河口。1624年，荷兰人建造了这座城市的核心，当时被命名为新阿姆斯特丹。

来后，哈得孙河再一次流淌在宽阔的河床上——哈弗斯特罗湾的河宽超过5千米。向南稍远处，帕利塞兹陡峭的悬崖俯瞰着河流，伴随它来到纽约市郊。哈得孙河在曼哈顿岛和新泽西城林立的摩天大楼形成的"峡谷"中穿梭，到达世界上活跃的港口之一——上湾。自由岛上竖立的自由女神像是海洋与河流的一道完美的分界线：哈得孙河口是通往美国的门户，数百万移民的目光和希望都汇聚在这个象征着美国门户的雕像上，她就是美国梦的化身。

The Colorado

科罗拉多河

宏大的河

格伦伍德斯普林斯
Glenwood Springs

博尔德城
Boulder City

大峡谷

美 国
UNITED STATES

尤马
Yuma

墨 西 哥
MEXICO

太 平 洋
PACIFIC OCEAN

0   160km

"船只撞上了峭壁，被猛地弹了回来，船里溅满了水，有两个人丢了船桨。小船在涡流中打旋儿，以不可思议的速度被拖拽出几米远，直到小船中部猛地撞击到另一块岩石上，船只一分为二，船上的人被扔进河里。"这次事故发生在1869年6月，在那之后，陆军少校约翰·威斯利·鲍威尔内心纠结而痛苦，开始严重怀疑他是否能从科罗拉多河的激流中侥幸逃生。当地印第安人的警告像一首忧郁的副歌，敲着他的太阳穴提醒他：想要冒险闯进大河混乱翻腾的泡沫中去探索，那简直是疯了。在那天的探险中，三艘探险船中的一艘失踪了，幸运的是船员们都安然无恙，他们拖着疲惫的身躯爬上了河岸。在那千钧一发的时刻，悲剧与他们擦肩而过，探险旅行还可以继续。老鲍威尔是一名地质学家和民族学者，也是一名从美国南北战争中幸存下来的老兵，他野心勃勃，想要不惜一切代价探索并详细描述美国最后一块处女地——神秘的大峡谷，成为踏上那片土地的第一位白种人。

三百多年前，来自弗朗西斯科·巴斯克斯·德·科罗纳多探险队的一些西班牙探险家到达了绝壁边缘，而距离科罗拉多河对岸大约有15千米远，用他们的话说：仿佛就悬浮在空中。他们遇到了当地的印第安人，这些印第安人生活在简朴的土坯小屋里，而非先前所听闻的住在鎏金线条装饰的华美宫殿中。西班牙探险者如梦初醒，立马掉转船头返回，甚至都不愿尝试沿着峡谷走到河边。方济各会传教士循着探险者的足迹而来，不是为了寻找闪闪发光的黄金，而是为了让灵魂皈依。他们拜访了一些印第安人村庄，还探索了科罗拉多峡谷侧面的一些险地，这已经是他们可以到达的极限了。然后，这些传教士也离开了。最后来到这里的是美国陆军制图师。为了搞清楚科罗拉多河的通航能力，热情的职业军官们曾多次步行或乘坐小船逆流而上。第一个激流和地狱般的地形使他们相信：科罗拉多河不能通航任何船只。河流周围的焦土看起来寸草不生，气候条件也十分恶劣。总之，大峡谷虽是大自然的杰作，但从经济角度上来讲却毫无用处，因此探索该地区被认为既浪费金钱，又浪费时间。

然后，鲍威尔来了。与前几位探险者不同，这位地理学家的动力来源于他的科研兴趣和对新发现的真切渴望。怀抱着满腔热情，再加上他本身优秀的资质，1869年5月24日，鲍威尔带着9位助手乘3只木船从怀俄明州的格林镇出发了。3个月后，他们的食物已全部耗尽，身心万分疲

P224
这幅卫星图呈现了科罗拉多河从美国的怀俄明州开始一直延伸至墨西哥的部分形貌，覆盖了65万平方千米的陆表面积，河水的农田灌溉面积超过3500平方千米。

P225 上和下
在鲍威尔湖以南，科罗拉多河从一道山谷中流过，与河流相比，山谷无论是外观还是本身的规模，都显得更加宏伟壮观。1869年，鲍威尔到科罗拉多大峡谷探险，但直到100年后，这里地形地貌的面纱才被完全揭开。

惫，成功地从充满未知数的科罗拉多大峡谷深渊中走出来了。鲍威尔在旅行日记中做了准确而详细的记录：岩壁如大理石一样光滑，水面上耸立的峭石如数丈高的尖塔，还有植物繁茂的绿洲和光影交错的幻影等。但最重要的是对河水的描述：大量的河水在涡流中打着旋儿，激起高达8米的水浪，然后跃入滚滚而下的瀑布之中。河水中含有大量泥沙，因此即便是在炎热干燥、饥渴难耐的情况下也不能饮用。凭借着深远的预见性，鲍威尔发现了这条位于干旱的西南部心脏地带的河流的强大潜力，但他无法想象它的潜力在未来到底能被开发多少、被利用多少。

我们所知道的科罗拉多河与150多年前首批探险者见到的那条让他们着迷而又心生畏惧的河有很大不同。当然，今天坐在皮划艇中激流勇进依然是一次扣人心弦甚至有一定危险性的经历。超自然的绝妙景观每年让数以百万计的游客惊叹不已。而科学家还没有完全揭示出这个绝对独特之地的全部奥秘。那么有什么变化呢？首先，科罗拉多河本来是一条红河，它铁锈色的河水逐渐变成了蓝绿色，至少还有15%的河水继续在河床上奔腾。事实上，科罗拉多河在2333千米的旅程中，每过一定距离就会被高低不平的大盆地阻碍，河水携带的大量泥沙最后几乎全部落入大盆地底部。水坝、抽水站、引水渠和分水渠严格控制着河水流量，将河水与生命带到周边的沙漠中。科罗拉多河为洛杉矶、图森、盐湖城、拉斯维加斯、圣迭戈和许多其他小城的居民提供了饮用水，它也被用来灌溉从怀俄明州到加利福尼亚州的百万公顷土地。美国6个州及2500万居民应当将他们的富有和繁荣归功于这条大河。从1922年起，科罗拉多河的用水权一直受到一系

P226 上
科罗拉多河在犹他州东南部与格林河的汇合处附近，深深刻蚀着高原上柔软的沉积岩，刻画出一幅鲜明又引人注目地貌景观。

P226 下
在克雷姆灵镇穿越落基山脉后，格兰德河（科罗拉多河的原名）与甘尼森河汇合。由于科罗拉多州的大力要求，这条河流在1921年被正式赋予了今天这个名字。

P226-227
科罗拉多河流入犹他州时，绿油油的农田在河流两侧呈带状分布。随着科罗拉多河向西南方延伸，两旁的土地也变得越来越干旱。

P227 下
城堡谷顶峰就像石头城堡一样，主宰着犹他州东南部莫阿布市的科罗拉多峡谷。白雪皑皑的拉萨尔山耸立在地平线上，十分醒目。

P228-229和P229 下

在犹他州东南部，科罗拉多河横穿面积超过4900平方千米的大峡谷国家公园。峡谷和岩体奇形怪状，错综复杂。大峡谷国家公园建于1919年，最高海拔达2200米，守护着科罗拉多高原上最天然、最美丽的一方土地。

P229 上和上中

长达数百万年的不断侵蚀使科罗拉多河及格林河所经之处形成了大峡谷国家公园幻影般的自然景观。科罗拉多河与格林河汇合后，开始在卡特拉克特峡谷的峭壁之间蜿蜒前行，形成一连串向下俯冲的壮观激流。受降雨及融雪的影响，春天的河水流量会急剧增加。

P229 下中

科罗拉多河水域在犹他州东南部的沙漠高原上形成了大生态系统，由动植物种群组成的不同微环境也穿插其间，其中大部分是地方性的。格伦峡谷大坝1963年建成后，河水的流量因人为控制而减少，几十年来给多种动植物的生存带来了极大的威胁和伤害。2004年，政府采取了提高水位的措施来试图补救这种状况。

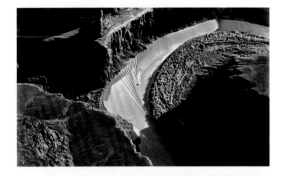

P230 上
格伦峡谷大坝的水泥壁长520米，阻碍了科罗拉多河上游来自大峡谷的河水。鲍威尔湖位于大坝上方，现在成为美国西南地区最具人气的旅游胜地之一。

P230 下左和下右
对科罗拉多河的人工控制严重破坏了大峡谷脆弱的生态环境，因为它阻碍了泥沙在河岸上的自然沉积，这也导致当地许多鸟类和鱼类的灭绝。

P230-231和P231 下
庄严雄伟的石拱、生动的岩穴壁画、被鲍威尔诗意般称为音乐殿堂的大型天然中庭以及格伦大峡谷鲜为人知的旷世奇迹，都静默于亚利桑那州鲍威尔湖的深水中。由科罗拉多河水拦蓄而成的巨大人工湖是世界上最大的人工湖泊之一，岸线回环崎岖，周长超过3000千米。

列繁复的法律法规和不断演变的修正案的监管。

　　这种对水源的过度开发利用导致了河水流量大幅度减少，科罗拉多河的末段流量看上去比溪流也大不了多少。在干旱年份，河流在到达加利福尼亚湾之前实际上就已经干涸了。科罗拉多河的问题在它的源头落基山上的云湖附近就产生了。离源头不远的海拔3000米处，河水流入一个人工沟渠，沟渠将河水向东引去，并穿过山脊。这道大壕沟为丹佛提供了水源，并和其他17条运河、沟渠一同带着充足的水源流向科罗拉多大平原，灌溉了3000平方千米耕地。在上游流域唯一不受人为控制的支流——甘尼森河的帮助下，科罗拉多河再次获得动力，与格林河汇合，冲入大峡谷国家公园迷宫一般的峡谷和巨石中。在犹他州的群山里，科罗拉多河第一次展示了它的巨大能量，奔向峡谷大瀑布的急流中。接着，山谷的形状逐渐变得模糊，激越的河水缓和下来，心平气和地流向将近300千米长的鲍威尔湖。在大湖盆地底部，永久隐藏着天然石拱和犹他州峡谷的大教堂，在格伦峡谷大坝修建的前一个世纪，鲍威尔还曾兴致勃勃地对它们做过详细生动的描述。

P232-233和P232 下
荒无人烟的大峡谷是大自然的一个奇迹。在一天的不同时段里，岩石从淡灰色到赤红色不断变幻，这真是极其独特、令人难忘的奇观。因此，霍皮人相信这个深不可测的巨大鸿沟是通向来生的入口，也就没什么奇怪的了。

P233 上
米德湖位于内华达与亚利桑那二州的边界，象征着大峡谷到此为止。胡佛大坝促使科罗拉多河流入一个约180千米长的湖盆里。

P233 上中和下中
科罗拉多河离开了大峡谷的危岩峭壁后，开始流向米德湖。这个大湖可以容纳大约35立方千米的水量，为2200万人提供生活、工业和农业用水。

P233 下
贯穿美国亚利桑那高原的深裂缝是数百万年来河流不断冲蚀的结果。随着时间的推移，各地岩层不同的硬度和稳固性形成了大峡谷壁面上的阶梯构造。

但科罗拉多河还面临着其他问题。被大坝阻挡的泥沙不再被带到科罗拉多大峡谷，这便引起了生态系统的巨大变化：侵蚀作用急剧增加，许多鱼类和动植物都消失了，取而代之的是一些对新环境适应能力更强的新物种。另一方面，格伦峡谷大坝帮助控制了河水的季节性泛滥，而在过去，这种泛滥会定期给加利福尼亚州和亚利桑那州的大片地区带来毁灭性灾难。拉斯维加斯和菲尼克斯的明亮灯光和耀眼的光辉都要归功于众多大涡轮机产生的电能。

当科罗拉多河从李氏渡口流出鲍威尔湖时，它的流量相当大。大峡谷就是从这里开始的。它的规模蔚为壮观，几乎超出了人类的想象——大峡谷的平均宽度为15千米，长446千米，谷深约1600米。单看这些数字就令人咋舌，但实际上大峡谷的本质更让人难以捉摸。高山、湖泊、野生海岸线可能会发生移动，可能会给人带来震撼，但它们总是以一种能够理解并可以想象的方式留在人们的脑海中，这始终与我们的习惯感知力和人类认知的维度有关。但大峡谷并非如此：它是一个深渊，因此是难以想象的。大峡谷原生态的美惊世骇俗、动人心魄，就像一记重锤震惊世人。同样难以想象的是，地球上那道可怕的裂缝，它像斧头一样划破亚利桑那州北部。

当我们理性的头脑最终发现造成这种毁灭性局面的罪魁祸首是科罗拉多河时，我们几乎很难接受这一事实。因为从高处俯瞰下去，科罗拉多河就像一条无伤大雅的小溪，在正午阳光的照耀下闪闪发光。在各个地质年代中，科罗拉多河穿过高原上的岩石，直至地球最古老的岩层。俯瞰峡谷，那谷底河床上的黑色页岩已经有20亿年的历史了。对于地质学家来说，峡谷的壁面就

P234 上
广阔的科罗拉多河三角洲曾经覆盖了亚利桑那州南部及加利福尼亚州的大部分地区，现今只留下沙地上逐渐消失的扇形痕迹了。只有在雨量极其充沛的年份，科罗拉多河才能再次到达海洋。

P234 中
在米德湖下游很长一段，科罗拉多河成为亚利桑那州和加利福尼亚州的界河，穿过干旱缺水的地区。

P234 下
总计有超过400千米长的灌渠将科罗拉多河水引至加利福尼亚州的帕洛弗迪灌溉区。

P234-235
1922年起，政府制定了一系列法律法规，用来规范科罗拉多河水的分配和使用，这些河水被引渠并用于灌溉广阔的沙漠地区。人口增长及农业用水需求的增加，都可能给这条大河的长期生存带来严重威胁。

P235 下
科罗拉多河上游因发电和灌溉使用了大量河水，河流在此已经变得细若溪流，它艰难地穿过墨西哥索诺拉州的沙漠地区。在这一段，由于河水盐度过高，已经不能用作灌溉用水了。

像一本打开的书：一些书页丢失了，一些情节不大协调，但仍然可以清楚地读出地球的历史——从地球产生之初到古生代结束，那时美洲西南部还覆盖在海水之中。科罗拉多河削出的裂缝又宽又深，创造了巨大的垂直向下的环境，令人震撼。动植物区系在几百米的空间范围内次第变化，气候条件也随高度不同而改变。冬天，尽管高地上在下着雪，但峡谷底部几乎是热带的温度。大峡谷的尽头是一个人工蓄水池——米德湖，它收获了科罗拉多河的河水。在河流的最后一段，这条河支持着人类最广泛的干旱农田灌溉工程变为现实。由人工渠道及水槽构成的高效水利系统将科罗拉多河水输送到加利福尼亚州和亚利桑那州的沙漠中心地带，而墨西哥则获得了剩下的少量河水。然后，在距加利福尼亚湾还

有很长一段距离时，科罗拉多河悄无声息地消失在灼热的索诺拉沙漠中。这里湿润的三角洲的面积曾经和意大利的山地面积持平，而如今却几乎完全干涸了。至此雄健的科罗拉多河消失得无影无踪，只存在于地图上蓝色线条的想象中了。

The Mississippi and Missouri

密西西比河与密苏里河

河流双胞胎

佩克堡
Fort Peck

俾斯麦
Bismarck

皮尔
Pierre

明尼阿波利斯
Minneapolis

苏城
Sioux City

奥马哈
Omaha

达文波特
Davenport

堪萨斯城
Kansas City

圣路易斯
St. Louis

美国
UNITED STATES

孟菲斯
Memphis

新奥尔良
New Orleans

太平洋
PACIFIC OCEAN

墨西哥湾
Gulf of Mexico

0　200k

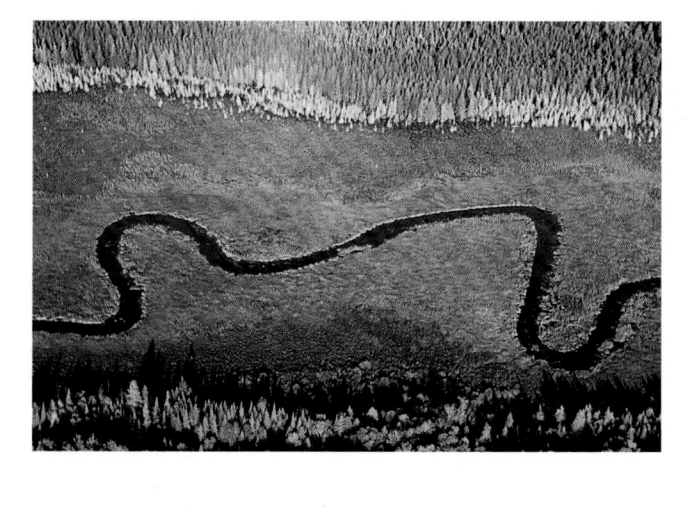

P236
在明尼苏达州北部，整个密西西比河上游迂回的河道两侧都是无边的针叶林，偶尔还点缀着湖泊和沼泽。密西西比河发源于海拔450米的艾塔斯卡湖。

P237 上
明尼苏达州瓦巴肖县下游的密西西比河沿线有大量的河道以及郁郁葱葱的小岛，它们是跨过州界延伸到伊利诺伊州的自然保护区的一部分。

　　在美国中部的大城市圣路易斯，一个190米高的圆弧形钢筋混凝土建筑高耸入云。这个巨型地标俯视着密西西比河，正象征着圣路易斯扮演的历史角色：它是密西西比河向西延伸至无限疆域的门户。在圣路易斯以北大约20千米处，密苏里河汇入密西西比河。但你若认为密苏里河是密西西比河的一条支流的话，就显得有失地理学上的公允了，因为到它们的汇合点时，密苏里河已

经流经了4000千米，而密西西比河只走过了1700千米多一点。这就好比说白尼罗河是青尼罗河的一条支流，但实际上它并不是。不过，从来没有人质疑过密西西比河的主导地位。

从来没有其他任何一条河流像密西西比河那样，在美国历史上扮演着如此重要的角色。它既是通往内陆的主干道，又是一个巨大的屏障；既是一条商业轴线，又是美国的农业中心；既能带来财富，又可能酿造灾难；它还是不同民族和文化的汇聚点。它同样也见证了皮草贸易者、探险家、投机分子、移民和士兵的往来。有这样一句话：谁控制了密西西比河，谁就控制了整个国家。法属路易斯安那的建立者勒内－罗伯特·拉萨尔很清楚地意识到这一点，于是在河流沿线建立了一个军事堡垒和前哨网。150多年后，美国南北战争的领袖们也认识到这个事实：联军的装甲战船在河流三角洲迷宫一般的河道中向前推进，战胜了新奥良和维克斯堡，为击败分裂主义者并取得最后胜利做出了贡献。

密西西比州代表了美国的南方腹地，它让我们联想到一个早已不复存在的世界：在无边无尽的棉花地里，非洲奴隶一边哼唱着蓝调和爵士，一边跟着音乐的节奏劳作；而农场主则坐拥高雅走廊环绕的豪华庄园，闲适悠然。密西西比河的传奇在马克·吐温和威廉·福克纳的文学作品

中、在画家笔下风情万千的画布上、在水手粗犷但富有想象力的俚语中重现了生机——多少年来，那些船员将众多人口和大量货物从新奥尔良运送到圣路易斯。

如今的密西西比河发生了翻天覆地的变化。河道沿线建起了许多大坝，河中的淤泥需要经常疏浚以确保载着货物的驳船顺利通航。河流两岸数千千米的堤岸控制了周期性的洪流，或者至少限制了洪流带来的破坏。美国中西部居民的生活与密西西比河仍然密不可分，它为他们提供饮用水和灌溉用水，为他们提供电能、水运以及休闲的好去处。密西西比河的流域面积达320万平方千米，约占美国面积的1/3。仅密西西比河自身的长度就有3766千米，不包括密苏里河。这只是粗略估测的数据，因为河流在不断演化，形成新的曲流并延伸出次级支流，然后又会干涸，留

P238-239
过了明尼阿波利斯，密西西比河有很长一段是明尼苏达州和威斯康星州的州界。河水在沉积岩构成的群山中流淌，勾勒出一道深邃的山谷。

P239 上
密西西比河宽阔的河道将明尼阿波利斯和明尼苏达州的州府圣保罗一分为二。这片被称为“双子城”的大都市位于肥沃的农业区中部。

P239 下
明尼阿波利斯是重要的工业和农业中心，而它居然安逸地掩于密西西比河沿岸的丛林中。1838年，第一批殖民者在此定居。

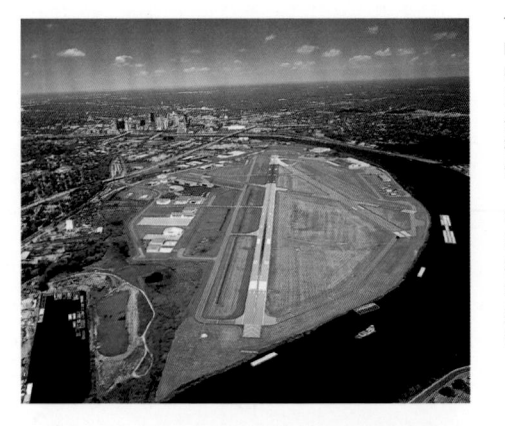

下一弯新月形的水印。有时河道变化相当显著，甚至能吞没整个城镇，并完全改变两州之间的边界。密苏里州的新马德里、伊利诺伊州的卡斯卡斯基亚、阿肯色州的拿破仑城和密西西比州的普伦蒂斯都被淹没在几米深的泥浆之下，并自此从地球表面被抹去了。格林维尔等其他城市如今远离了河岸。路易斯安那州的三角洲以前位于维克斯堡南部5千米的地方，而现在则突然出现在维克斯堡以北3千米处。在永不停歇的变化中，各条曲流呈扇形展开，变得异常蜿蜒曲折，相互交错并最终汇合在一起。后来，水流冲破河道直冲向前，

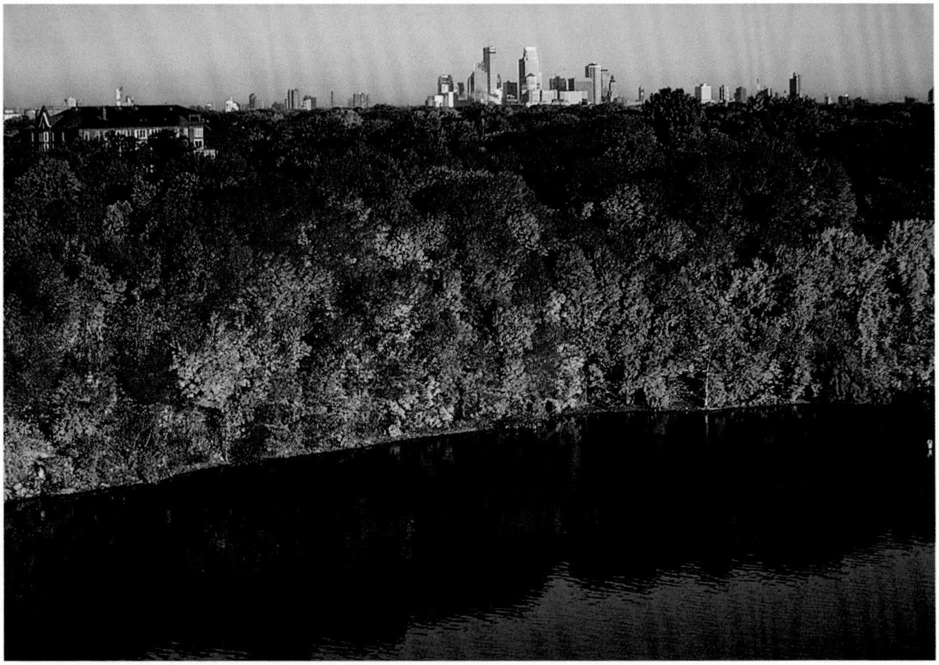

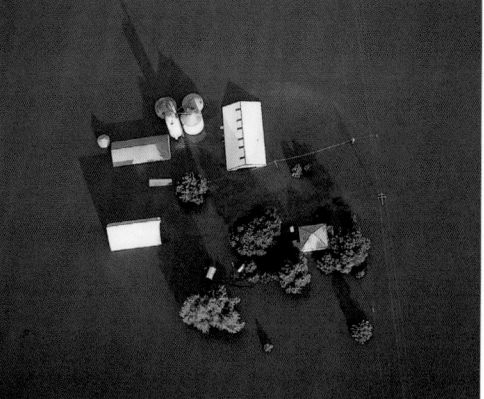

P240-241
在威斯康星州的布法罗附近，密西西比河沿岸的农田形成错落有致的几何图案。这段河流开阔而壮观，河中点缀着绿色的小岛。

P240 下
从高空能看到美国中西部农场的屋顶被浊水环绕，周围就是被密西西比河淹没的大地。尽管许多年前巨大的堤坝已经建成，但这里依然经常发生毁灭性的洪涝灾害。

P241 上
在伊利诺伊州的奥尔顿小镇附近，一群驳船被拖船拖曳着向密西西比河下游驶去。因为激流和沙洲的存在，该河段通航较为困难。

P241 下
一系列水闸的修建，使货船能顺利通过落差很大的密西西比河，并到达明尼苏达州和伊利诺伊州的内河港口，从而将墨西哥湾与美国的中部腹地连接起来。

河道长度也就大大缩短了。

1883年，马克·吐温计算出：若密西西比河以当时的速度继续缩短，那么742年后，伊利诺伊州的开罗和路易斯安那州的新奥尔良就只需要同一个州长管理了。这些变化是密西西比河反复无常的天性使然，不必惊慌失措，所以人们可以像马克·吐温一样拿密西西比河开玩笑。但密西西比河一旦愤怒决堤，后果就将是灾难性的。1927年的大洪水导致700,000人无家可归，淹没了从伊利诺伊州的开罗到三角洲的整个平原。河水水位上升了18米，将村庄、庄园和农田埋在厚厚的淤泥和浊水之中。从此以后，密西西比河就处在持续的严密监控下，而管控河流的重任也转而压到了美国陆军工程兵部队身上。

在这场艰巨、持久而没有硝烟的战争中，人类取得了许多重大胜利：5000千米长的堤坝有3层楼高，宽达90米，稳固了密西西比河下游的河床；大型分洪河道能在紧急情况下随时启用。

P242-243
在大瀑布城上游，密苏里河河水静静流入坚硬岩床上的霍尔特湖。藏蓝色的河水与贫瘠的山丘互相映照，构成了蒙大拿州的一道美妙的风景。

P243 上
在与朱迪斯河的汇合处及本顿堡镇之间，密苏里河跨过著名的怀特悬崖。早在两个世纪之前，梅里韦瑟·刘易斯和威廉·克拉克就曾生动描述过这奇异、灰白的石灰岩层。

P243 上中
密苏里河流经蒙大拿州时始终笼罩着孤独而浪漫的氛围，使探索西部未知地区的第一批探险家和猎人对此着迷不已。

P243 下中
密苏里河上游清澈的河水与它的一条支流米尔克河的浊流形成了鲜明对比。米尔克河呈现白色是河水中含有大量冰川沉积物引起的。

P243 下
在蒙大拿州大瀑布城附近，陡峭的砂岩绝壁打破了
密苏里河的平静，许多数百米高的壮观瀑布在那里
倾泻而下，大部分依然原始而狂野。

P244 上
1943年竣工的佩克堡大坝是第一个调节密苏里河中游水位的大坝。密苏里河曾经频发严重的洪涝灾害，现在由一系列水库人工调节控制。

P244 下右
在通往萨卡卡威亚湖的小密苏里河两侧，北达科他州的荒山沿河岸绵延。这里生活着水牛和其他珍稀动物，1978年成为国家公园。

P244 下左和P244-245
强劲的河流、漂浮的树干，特别是密苏里河低水位期裸露的险恶沙洲，都是汽船往返于圣路易斯与本顿堡之间时常遇见的危险。现在，由于修建了设有闸门大型水坝，这条河上的商业通航可以到达苏城附近。

P245 下
黄石河在蒙大拿州和北达科他州的大平原流经1000多千米后，来到了萨卡卡威亚湖上游威利斯顿镇附近，在那里注入了密苏里河。

大坝不止一次扛住了洪水的迅猛攻击，但密西西比河从来没有被真正驯服：1993年的夏天，在连降了4个月的暴雨之后，河水再一次冲垮堤岸，带着史无前例的狂怒漫延到圣路易斯下游的乡村。这次洪水带来的损失是可怕的——56,000所房屋被毁，50人丧生，全城断水断电，多达120亿美元的财产遭到毁弃，经济完全陷入瘫痪状态。

很难想象，这样一条气势磅礴的大河竟然发源于绿色草地与冷杉林之间的平原上。事实上，密西西比河源于海拔仅450米的艾塔斯卡湖，这个小湖只是明尼苏达州临近加拿大众多湖泊中的一个。意大利人科斯坦蒂诺·贝尔特拉米于1823年成为到达密西西比河源头地区的第一人。九年之后，美国人泽布伦·派克和亨利·罗·斯库克拉夫特精确地找出了密西西比河的源头位置。在最初的500千米，密西西比河在湖泊之间慢慢逶迤。之后，河道逐渐向外拓展，形成一系列连续的环形。澄澈的河水渐渐变得浑浊，到了明尼阿波利斯时，密西西比河开始展现出它的本性：

P246 上
"1600米宽，1米深。"第一批探险者这样描述普拉特河，它在奥马哈附近流入密苏里河。19世纪时，普拉特河是通往西部的重要航道之一。

它不是传统意义上泥泞又危险的"老人河"，而是一条能够通行大型船只的大河。密西西比河在高耸陡峭的绝壁间迂回延伸，有时像打开的扇状缺口流入沼泽和洪泛区，那里是数百种鸟儿和鱼类的理想栖息地。将明尼苏达州和威斯康星州隔开之后，密西西比河又流经美国最肥沃的土地，那里有很长一段作为艾奥瓦州和伊利诺伊州的界河。艾奥瓦州位于所谓玉米种植带的中部。世界上几乎一半的玉米产自这片从阿巴拉契亚山脉一直延伸到内布拉斯加州和堪萨斯州的广袤土地。玉米是美国经济的一大支柱，不过仅有一部分用以食用或出口，剩下的则被用作牲畜饲料。象征美国繁荣程度的牛奶和肉类产量与这片玉米种植带息息相关，而玉米种植带又依赖于密西西比河。洪涝带来的第一连锁反应就是玉米价格的攀升，并由此引起所有食品零售价格的上涨。

密西西比河继续向密苏里州的圣路易斯流去，此刻它的宽度约2千米，展现出庄严大气的一面，仿佛不愿与密苏里河一较高下、给人留下不好的印象。密苏里河发源于落基山脉，由麦迪逊河、加勒廷河、杰斐逊河三个源头合并而来。它的河水清澈、流速迅捷，流过蒙大拿州碧绿的峡谷，在扣人心弦的景色中穿梭。过了本顿后，密苏里河穿过几经溶蚀的石灰岩形成的白壁，流过千姿百态、峰峦参差的奇石和怪林。"太令人震撼了！"19世纪初期，曾沿着河流到达密苏里河源头探索的刘易斯和克拉克赞叹道。密苏里河在下游几千米处，汇合了黄石公园的河水一同进入北达科他州时，它那狂野的梦想也就此结束了——巨大的佩克堡大坝只是第一关卡，在与密西西比河汇合之前，还有长长的一系列大坝等着密苏里河的到来。历史上，曾定居在这个区域的

P246 中

堪萨斯城在19世纪末开始发展，堪萨斯河将它一分为二，并在这里与密苏里河交汇。堪萨斯城由于它重要的地理位置，现在已成为一个重要的农业和工业中心。

P246 下和P246-247

在扬克顿和苏城之间，密苏里河是南达科他州和内布拉斯加州的界河，它静静流淌过大平原。由于巨型大坝调控着河水流量，这片昔日荒蛮之地如今遍布着小麦及其他谷物，成为美国高产的农业区之一。

P247 下左

在内布拉斯加州奥马哈附近，密苏里河以一系列连绵不绝的曲流著称。奥马哈人曾经掌控着河流沿岸的土地，自1854年以来，他们一直生活在印第安居留地。

P247 下右

奈厄布拉勒河收集了大平原干旱地区的稀有之水，在扬克顿上游流入密苏里河。与其他支流相比，它的水量相对较少。

P248-249

圣路易斯是一个拥有110多万人口的大都市。密西西比河上隐约可见的大型不锈钢拱门，是为了纪念它作为美国向西拓荒进发的"西进之门"的历史使命。

P248 下

这艘停泊在路易斯安那州维克斯堡的密西西比河沿岸的汽船，已经变成了一个赌场。19世纪末期，随着铁路的出现，汽船航行时代落下帷幕。

P249 上
圣路易斯当初是著名的刘易斯和克拉克探险队的出发地和终点，他们首先沿着密苏里河而上，并且最终于1805年11月到达了太平洋。

P249 中
密西西比河畔的孟菲斯与尼罗河畔的孟菲斯同名。古老的孟菲斯得益于距离金字塔较近，现代的孟菲斯同样因为是金字塔体育馆所在地而受益匪浅。

P249 下
赫南多迪索托桥将田纳西州最大的城市孟菲斯与阿肯色州相连。这座桥是以1541年发现密西西比河的著名西班牙探险家的姓氏命名的，桥上有数千盏灯火，在黑夜里璀璨夺目。

苏族人、曼丹人、希达察人和其他印第安部落的大部分领土如今被永久淹没了。这片土地上，第一个出现的长达2000年历史的古文明已经沉睡在密苏里河的深湖里，永远不能为世人亲眼所见了。不过这个伟大的牺牲并非完全无用：从人工湖中引取并用于灌溉的密苏里河河水将过去所谓的"美国大漠"变成了一望无际的沃土。

流经南达科他州后，密苏里河成为内布拉斯加州的部分边界线，并陆续融汇了夏延河、普拉特河及其他主要支流。在堪萨斯城，它向东绕了一个弯进入密苏里州。这里驳船繁忙，表明离密西西比河不远了。再走一小段距离，密西西比河与密苏里河合并，形成一条气势恢宏的大河，缓缓向南流向1700千米外的墨西哥湾，这个河段的落差仅60米。密西西比河在开罗容纳了俄亥俄河，然后来到河流自身冲积形成的密西西比

P250-251
密苏里河与密西西比河汇合后，欧塞奇河的河水很快混合于密苏里河的泥流中。密苏里河的流域面积达137万平方千米。

P250 下
位于阿肯色州密西西比下游的河道平坦舒缓。尽管许多土地已经变得可以耕种，但河流两岸仍然有大片的森林和沼泽。

P251 上
密西西比河及其支流上的驳船往来不断，形成了世界上最大的通航水路网之一。

P251 下左和下右
密苏里河和密西西比河在离圣路易斯仅数千米的地方交汇，这里是世界上最为壮观的河流景观之一。密苏里河的长度是它的"老大哥"的两倍，流量却小很多，并在密西西比河道上沉积了大量淤泥。下游的数千米内，两条河水的颜色对比鲜明。

平原中。河道的蜿蜒曲折在这里表现得淋漓尽致，而且恰好呈对称分布。这里地形缓和平坦，除了人造堤防的规整线条外没有任何突兀的地形。长期以来，棉花是这里唯一的农作物，而今广阔的种植园已经有一部分被玉米和花生所取代。美国的"南方腹地"就是从这里开始的。

　　摘棉花是一项非常繁重的劳动，需要大量廉价劳动力。为了满足日益增长的市场需求，18世纪末期，种植园农场主开始从非洲输入成千上万的奴隶。1815年到1860年，棉花产量增加了15倍。奴隶制和棉花是南方各州经济的支柱。密西西比河作为商业航道的大动脉，成为一种生活方式的象征，见证了那个残酷而浪漫的年代。对于码头的非洲工人来说，短吻鳄主宰着河流。一只与驳船大致相近的短吻鳄就能够阻塞航道，致使船舶搁浅；哪怕它只是轻轻摆动一下尾巴，就能推倒堤防，引发洪水。短吻鳄换气时，会吹出浓浓的水雾，模糊远方的视线，使河运暂停下来，于是劳工们就可以稍作休息了。

　　云山雾罩并不是密西西比河上航行的唯一障碍，低水位时期，藏身水下的树干以及突

然来临的风暴也必须警醒在心，时刻防患于未然。在蒸汽船兴盛的年代，"河难"频繁发生，而服役几年以上可寿终正寝的汽船也寥寥无几。传说中沿密西西比河下游航行的"桨式汽船"（一种两侧装着明轮的蒸汽轮船）如同一座名副其实的浮游宫殿，它为顾客提供歌舞演出和赌博等各式娱乐项目。萨缪尔·兰霍恩·克莱门斯是密西西比河最伟大的诗人，他更广为人知的名字是马克·吐温，这个笔名意为：水深两浔（1浔约为1.8米）。这位作家曾是一名水手，他在密西西比河上度过了青春时光。在他的一些小说中，密西西比河是真正的主角，他用辛辣幽默的笔触塑造了一个年轻乐观的美国

P252-253
密西西比河流经路易斯安那的途中，两岸有许多池塘和干涸的汊流。河水携带淤泥不断沉积形成了冲积平原，在某些地方宽达200千米。

P252 下
牛轭湖及密西西比河数不清的次级支流，形成了路易斯安那的典型景观。

P253 上和下
通航河道的水非常深，来自墨西哥湾的远洋船舶也能沿着密西西比河一直航行到路易斯安那州的巴吞鲁日。驳船体积和重量不大，因此可以一路远航至明尼阿波利斯。美国陆军工程兵部队担负着管控河流并保持商业通航的艰巨任务。1829年，他们第一次接下了疏浚和整理河床的指令。

形象。威廉·福克纳也与密西西比河有着不解之缘，但他描述的南方是一个经历了内战残酷的洗礼后失去了根基、难以适应新现实的绝望社会。

现代的孟菲斯与作家福克纳所描述的那个被上帝遗弃的城市截然不同。与新奥尔良、维克斯堡、纳奇兹、巴吞鲁日及平原、三角洲上的其他城镇一样，孟菲斯已经成为主要的工业区和服务中心。密西西比河依然是一条繁忙的商业通航大道。从美国最大的港口之一

P254 上和下左
新奥尔良位于密西西比河左岸与庞恰特雷恩湖之间，是法国海军军官勒莫因在1718年建立的，他使这里成了法属路易斯安那殖民的桥头堡。1803年，拿破仑把新奥尔良和河流西岸的所有土地一起卖给了美国。20世纪20年代，新奥尔良作为爵士乐的摇篮而闻名于世。

P254 下中
在新奥尔良附近密西西比河多泥沙的水域，拖船以强有力的柴油发动机为动力，拖着一批货船吃力地向上游驶去。

P254 下右
密西西比河的宽度以及该地区松软的土壤，使得建造连接新奥尔良和河对岸郊区跨江大桥的工作长期延误。

P254-255
新奥尔良俯瞰图。这座城市大部分位于海平面以下。2005年，它曾被卡特里娜飓风引发的灾难性特大洪水摧毁。

新奥尔良开始，船舶可以逆流而上，沿着60米深的运河一直航行到巴吞鲁日。密西西比河不同的汊流像手指一样从这里展开，向墨西哥湾延伸而去。

现今的河口三角洲全部在路易斯安那州境内，已经扩至30,000平方千米。这片广阔的土地上有沼泽、湿地和无边的森林，各种各样的生物在这里快意生活。这片区域是新奥尔良所在地，受潮湿的亚热带季风气候的影响较大，它在2005年遭受了飓风的侵袭。新奥尔良由法国人始建，后被割让给西班牙，而后又被归还给法国，不久又作为路易斯安那购置

P256-257
密西西比三角洲是一个不断变迁、演化的地区。在过去5000年里，由于河流中携带的大量泥沙，路易斯安那州已经向海洋方向推进了近100千米。

P256 下和P257 上
沼泽和被称为牛轭湖的二级河道犹如迷宫一般纵横交错，这便是卡津人的家园。卡津人是1755年被逐出阿卡迪亚的法国殖民者的后裔。

P257 下左
美国短吻鳄可长达4米。这些可怕的庞然大物一度被捕杀到濒临灭绝的境地。如今，它们在密西西比河下游蓬勃生息。

P257 下右
鹈鹕生活在路易斯安那州沿岸。由于南部气候适宜，密西西比河是多种水鸟的主要迁徙路线。

地的一部分卖给了美国，后来又有许多非洲人居住。这座城市融合了多元的民族性，精心维护着它的世界性和自由开放精神。

新奥尔良诞生了爵士音乐，这是美洲黑人音乐适当改良的结果。在20世纪初期，声名狼藉的斯特利维尔红灯区见证了天才爵士音乐家巴迪·博尔登和路易斯·阿姆斯特朗的诞生和成名。他们或喜或忧的旋律向上游传到了芝加哥，然后又在芝加哥声名大振，震撼了全美乃至全世界人们的心灵。

密西西比河河口距新奥尔良160千米。河岸的轮廓逐渐消失了，三角洲像一条无止境的泥带向茫茫大海远处延伸，这条"河水之父"带着怀旧和伤感，依依不舍地离开了陆地。

第五章
中美洲和南美洲

CENTRAL AND SOUTH AMERICA

安第斯山脉由北向南贯穿整个南美大陆，从哥伦比亚一直延伸到巴塔哥尼亚。群山构成了不受任何阻断的连绵不绝的巨大屏障，陡峭的山坡几乎延伸到太平洋海岸。

山脉两侧的不对称结构严重限制了其西侧水路航运系统的规模和发展。阿空加瓜河、马佩尔河和迈波河从智利的海岸流入太平洋，它们的河道短，水流湍急，可以用来灌溉和发电。只有哥伦比亚境内的河流，如流入安的列斯海的阿特拉托河和马格达莱纳河，才是相对重要的内陆航线。与西侧大相径庭，安第斯山脉东侧是一片被森林覆盖的广阔的冲积平原。在这张巨大的水路网中，被几乎不明显的山脉隔离的三大河流系统涵盖了大陆中部地区。就长度和流量来说，亚马孙河、奥里诺科河和拉普拉塔河均可纳入世界大河之列，并且在所流经国家的历史、经济和文化中扮演了重要角色。河流的大部分河段都可以通航，它们是欧洲人深入南美腹地的主要途径。西班牙、英国和葡萄牙的第一个探险者也是从这片泥泞的水域踏上了寻找"黄金国"和"银山"的艰难旅程。

圣弗朗西斯科河只在巴西境内流动，和巴拉那河一样，它发源于米纳斯吉拉斯州靠近大西洋海岸的巴西高原。这条河长3161千米，大约有一半的河段可以通航，近几个世纪以来，它都是进入巴伊亚州内部干旱地区的主要通道。巴塔哥尼亚高原上有两条重要的河流——内格罗河和科罗拉多河，它们的水位变化无规律可循，并且时常遇到沙洲阻碍。

　　几个世纪以来，南美洲的雨林和高地一直被内海和黄金城等神奇的地理臆想所笼罩，直到19世纪初期才被人知晓。法国探险家查尔斯－玛丽·德·孔达米纳和德国科学家亚历山大·冯·洪堡分别在18世纪30年代和19世纪初期漫游至此，向欧洲展示这个神奇新世界的容貌：叫不出名字的珍禽异兽，渗出橡胶的树，还有在原始状态中与外界隔绝了多少个世纪的原住居民。如今，科学家在亚马孙的绿色海洋中发现了隐藏的真正宝藏，那是世界上具有抵抗力的生物多样性王国之一。这片未经开发的原始森林覆盖了亚马孙河和奥里诺科河上游，是决定人类未来的主要竞技场之一。

P258 左
巴拉那河与伊瓜苏河的交汇处，正好处于巴西、巴拉圭、阿根廷三国边界的衔接点上。

P258 中
委内瑞拉的玻利瓦尔城附近，奥里诺科河的沙洲。

P258 右
巴西亚马孙河的一条曲流。

P259
巴西亚马孙河沿线被洪水侵袭的森林。

The Orinoco

奥里诺科河
通往黄金国度的途径

加勒比海　CARIBBEAN SEA

委内瑞拉
VENEZUELA

玻利瓦尔城
Ciudad Bolívar

阿亚库乔港
Puerto Ayacucho

圣费尔南多
San Fernando

哥伦比亚
COLOMBIA

拉埃斯梅拉达
La Esmeralda

0　　90km

　　当靠近特立尼达岛时，在被称为蛇口的海峡附近，哥伦布的船队遭遇强气流的袭击，附近的海域也从之前的湛蓝色变得浑浊不堪，周围数千米以内只有淡水。1498年，哥伦布在第三次前往美洲大陆的航行中，认为自己来到了内陆大河的入海口。三年后，另一个意大利人阿梅里戈·韦斯普奇到达了奥里诺科河三角洲。当地居民将房屋建在木桩之上，沿海岸看去让他想起了一个小型的威尼斯城，所以他将这片土地命名为委内瑞拉（意即小威尼斯）。

P260
无数条支流的大量河水补给着奥里诺科河，这些支流常常很深且含有大量的水，使它在宽阔的沼泽河床上不断拓宽，部分河段宽度可达200米。

P261 上
奥里诺科河穿过的拉埃斯梅拉达是委内瑞拉不知名的小城镇之一。在这一河段中，河水在逶迤的河道中缓慢流淌，河道的曲线逐渐突出，成为几近完美的半圆形。

P261 中和下
在委内瑞拉南部拉埃斯梅拉达附近，奥里诺科河周围是一片难以通行的雨林。西部的帕卡赖马山脉及帕里马山脉标志着与巴西的边界，但具体分界线却并不明晰。奥里诺科河穿过这个间隙流入卡西基亚雷河，它是连接内格罗河及亚马孙河的天然通道。

奥里诺科河是南美洲第三大河。它实际长2740千米，比亚马孙河的一些支流如普鲁斯河和马代拉河还短。但要说到历史和地理意义，奥里诺科河则更为重要。奥里诺科河流域面积约95万平方千米，几乎涵盖了整个委内瑞拉和大部分哥伦比亚地区。约有2500条支流汇入奥里诺科河，其中一些比溪流还小，另一些支流如布阿维亚雷河、梅塔河和本图阿里河则流量较大，尤其在降水量充沛的雨季。奥里诺科河的水位在四月份开始上涨，到夏季时达到巅峰，淹没整片地区。或许正是由于这巨大的潟湖臆造出一个神乎其神的帕里马湖，使得几个世纪以来的探险家、寻宝者和地理学家都为之着迷。根据一些人的说法，那个神秘的湖位于秘鲁境内，而其他人则认为它位于亚马孙河以北的不确定地区，或者圭亚那森林未开发的区域。据猜测，这个湖的面积与里海差不多大，随着时间的推移，其位置也发生

了一定变化。但人们一致认为，传说中的马诺阿城和理想黄金国就坐落于此。

在众多可能的地点中，跟随西班牙军事家埃尔南·科尔特斯登陆墨西哥的西班牙人之一迭戈·德·奥尔达斯，选择在奥里诺科河流域寻找神秘之湖，但他最终不幸在途中去世。1534年，奥尔达斯的后继者沿河苦苦跋涉800千米，终于到达了奥里诺科河与梅塔河的交汇处。他们并没有找到梦想中的黄金城，甚至石头城都没有看见，迎接他们的仅仅是密不透风的丛林和成群的昆虫。

尽管如此，黄金城的神秘色彩并没有因为这次失败的探险而黯淡。大约70年后，英国海盗沃尔特·雷利爵士在一次搜索特立尼达岛的行动中，偶然发现了一份秘密文件，文件提到了富饶的马诺阿：需要花费一天时间才能从帝王坐拥的大都市走到皇宫所在的城市中央。至于珍贵的黄金，其富庶程度难以描述，甚至连士兵的盔甲和盾牌都是用这种贵重金属所打造。英国女王伊丽莎白一世被这个传奇深深吸引，要求她忠实的下属寻找它。在两次探险过程中，雷利爵士最远到

P264-265和P264 下
沼泽地及奥里诺科河停滞不前的河水上浮动着一层水草，这正是凯门鳄喜好的栖息环境。这些鳄目爬行动物因它们异常开阔的眼眶而著名。它们长约2.5米，以鱼类、鸟类及小型哺乳动物为食。与我们常识中所认为的不同，奥里诺科河中的凯门鳄对人类并无生命威胁。

P265 上
奥里诺科河流域生活着多种多样的爬行动物、哺乳动物、鱼类和鸟类，生长着超过10,000种不同的植物，这里丰富的生物宝藏令世界上其他地方难以媲美。

P265 下
一群水鸟飞过委内瑞拉被洪水淹没的大草原低地。在雨季时节，奥里诺科河出现大量的湖泊、池塘和汊流，如迷宫一般交织纠缠，吸引了大量水鸟前来栖息。

达了拉埃斯梅拉达附近的杜伊达山。在两次探险失败后，伊丽莎白的继任者詹姆斯一世以叛国罪判处雷利死刑。

　　事实证明，奥里诺科河是条"死胡同"，但帕里马湖一直在南美洲地图上占据突出位置。奥里诺科河的急流和瀑布阻扰了航运，相对于亚马孙河与拉普拉塔河来说，奥里诺科河的航运更充

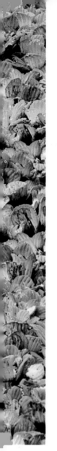

满险阻，它也是最后一条被人类开发的大河。两百年后，新一代探险科学家才揭示了这片神秘的地域，描绘出翔实的委内瑞拉地图。19世纪初期，亚历山大·冯·洪堡的航行证明了奥里诺科河与内格罗河之间存在某种联系，他将有关这一新世界的真正财富带回欧洲，包括数以千计的数据、草图、科学样本以及60,000多种植物样本，让人类对南美洲赤道附近晦暗的热带森林有了初步认识。不过，冯·洪堡始终没有冒险越过拉埃斯梅拉达，这是进入荒野上无人知晓的敌对部落的最后一个偏远村镇。

　　20世纪50年代初期，奥里诺科河的源头才被确定，直到今天，尽管这个地区不能被判定为未被开发过，却始终是亚马孙河流域不为人们所熟知的神秘异域之一。

　　奥里诺科河发源于海拔约1000米的帕里马山脉雷东杜峰的山坡上。在最初河段，水流汹涌湍急，向下倾泻时总被其他激流阻扰。在与马瓦卡河的汇入处，奥里诺科河已有大约30米宽。一些重要支流增加了奥里诺科河的流量，在汇聚了帕达莫河后，被夹在两岸植被墙间的奥里诺科河变得越来越宽、越来越深。约有20个部落在奥里诺科河的中上游森林地区生活，其中一些部落因地理的因素与世隔绝，一直保持着原始的社会秩序和运行模式，到了近代才渐渐与外界有了接触和交流。亚诺马米人生活在委内瑞拉与巴西交界处，大约有15,000人。他们的文化深受周围环境

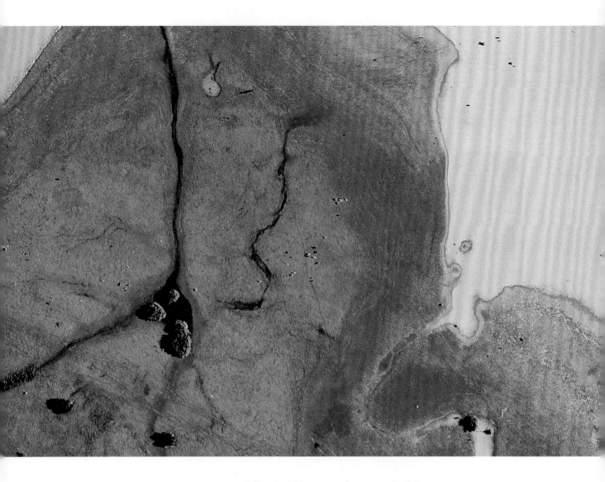

P266-267和P266 下
阿亚库乔港和玻利瓦尔城之间的奥里诺科河似乎失去了原有的形态与特性。在广阔无边的委内瑞拉大草原上，奥里诺科河的河床边缘变得难以辨识，并在季节变化塑造的多变的自然景观中消失不见。沿途的潟湖、树林和沙洲不过是陆地和河流不停对话中的插曲和花絮罢了。

P267 上和上中
南美洲大草原位于委内瑞拉西北部，面积约300,000平方千米，这里是洪涝泛滥的低地。奥里诺科河、阿普雷河及奥拉卡河是南美洲的主要河流，它们接纳了大草原水系网中的水源。6月至11月间，奥里诺科河发源于安第斯山脉而流经西部平原的所有支流流量几乎等于意大利所有河流流量的总和。

的影响。对于他们来说，森林不仅仅是取材之地。村庄周围的圆形栅栏是与无形的鬼魂世界分隔的标志，那里居住着幽灵和恶魔，当地人必须定期进入丛林深处去获取精神支持。与超自然力量同呼吸、共命运的精神关系福佑着部族，这种力量可以庇佑狩猎成功、农作物丰收以及部落的存续。集体的合作加强了部族团结，但这种团结时时被战争和自相残杀的暴力所威胁。与大多数亚马孙部落一样，亚诺马米人也在他们的箭头上淬了一种从马钱属的野生藤本植物里提取的毒素。冯·洪堡细细观察了这种毒物制品，它非常有效，能在短短几分钟内杀死一头大型哺乳动物。这种毒素像许多其他从亚马孙丛林植物中提取的毒物一样，现在还可以医用。在奥里诺科河上游仅仅1万平方米的区域内，就已经发现了87种不同种类的树，其多样性世界上罕有其他地方能与之匹敌。

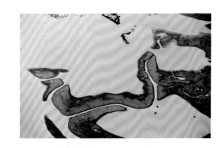

在通往海洋的旅程中，奥里诺科河记录下了自己流经不同环境的丰富历程——山脉、热带雨林、沼泽以及冲积平原。可以从中看出人类、动物和植物的存在以及适应环境的发展与变迁。河水有浑浊的，有清澈的，各种类型的河道，如此庞大的水量，造就了世界上唯一的天然分洪道——卡西基亚雷河。

过了拉埃斯梅拉达不远，奥里诺科河分出众多汊流，其中三分之一的河水流入内格罗河支流，最终汇入亚马孙河。这一现象是由于奥里诺科河上游异常丰富的降雨量以及两个流域间缺乏分水岭造成的，并且两个流域之间仅有十几米高的隔离水流作用的小坡。卡西基亚雷河长400千米，在一个巨大湖泊的出口处形成，该湖泊是几个世纪以来河水泛滥形成的。拉埃斯梅拉达附近有一个被称为特普依的平顶山脉，特普依山脉从森林中露出头来，为环境增添了原始和野性的色彩。这个已有6亿年历史的马拉瓦卡高原激发了阿瑟·柯南道尔的灵感，创作了小说《失落的世界》。奥里诺科河继续向西北方向行进，接收了本图阿里河的河水，然后在圣费尔南多与瓜维亚

P267 下中
居住在奥里诺科河上游沿岸的当地部落常常使用独木舟往来。独木舟通常是一根中央被斧子挖空或被火烧空的树干。

P267 下
奥里诺科河沿岸的村庄通常只是一些木质小屋，零散分布于树林和河流之间。

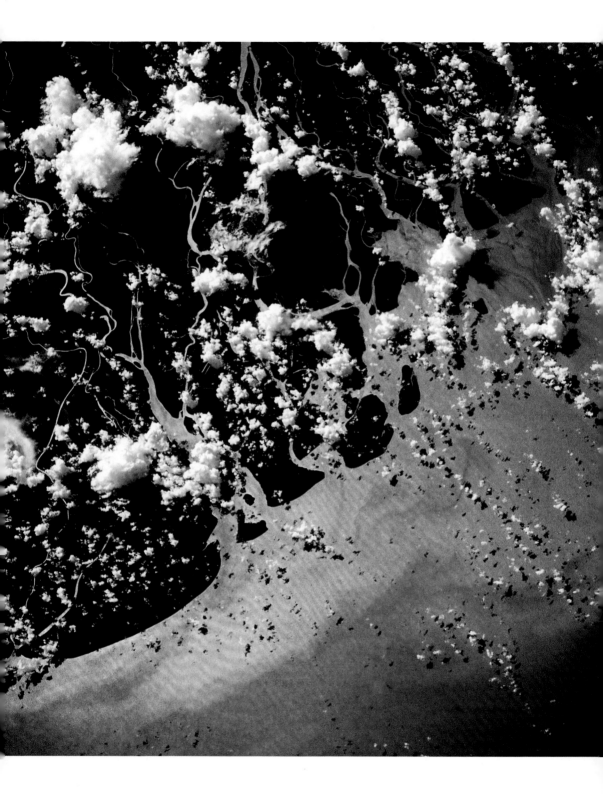

中美洲和南美洲

P268-269
奥里诺科河水冲入大西洋达几千米远,在河口周围形成了一大片乳白色区域。河口三角洲面积约25,000平方千米。

P269 上
瓦劳部落已经在奥里诺科河三角洲生活了几个世纪,他们认为世界是一个被水包围的巨大平板。他们把孤立的木屋建在柱子上以免被潮水淹没,这一点似乎证实了他们的上述观点。

P269 中
一条直线将卡罗尼河铅灰色的河水与奥里诺科河多泥沙的河水分隔开,奥里诺科河在下游不远处的三角洲上又分成无数细小汊流。圭亚那城位于两河交汇处,是委内瑞拉最重要的商业中心之一。

P269 下
仅有一座桥连接玻利瓦尔城(旧名"安戈斯图拉")与奥里诺科河对岸。这座城市以伟大的英雄西蒙·玻利瓦尔的姓氏命名,他领导委内瑞拉在1813年摆脱了西班牙的统治。

雷河和阿塔瓦波河交汇。这个汇流处正是汇聚众多河流为一体的亚马孙水系的典型代表:瓜维亚雷河发源于安第斯山脉,悬浮的淤泥使河水呈现黄色;阿塔瓦波河是森林中的"黑河",其颜色主要由浸水植物造成;奥里诺科河的水则是清澈透明的。再往下游的阿亚库乔港,阿图雷斯急流和迈普雷斯急流在硕大的圆形花岗岩的悬崖绝壁间,形成长达80千米泛着泡沫的湍流。

离开哥伦比亚边界以后,奥里诺科河向玻利瓦尔城和三角洲地区挺进,其北边是一望无际的大草原,这里洪涝灾害频发。这些湿地自身形成了一个独立的生态系统,是南美洲种类丰富的动物群的家园。奥里诺科河在沙洲和潟湖之间缓慢流淌着,形成一个宽22千米、深100米的大型三角洲,然后河水流经迷宫般的河网注入大西洋。奥里诺科河就像一面无边的镜子,将委内瑞拉的过去和未来全部清晰地映射在河面之上。

The Amazon

亚马孙河

河流之王

大 西 洋
ATLANTIC OCEAN

哥伦比亚
COLOMBIA

伊基托斯
Iquitos

秘鲁
PERU

莱蒂西亚
Leticia

特费
Tefé

马瑙斯
Manaus

圣塔伦
Santarém

巴 西
BRAZIL

太 平 洋
PACIFIC OCEAN

0   230k

轮船被慢慢吊到山坡上，发出咯吱咯吱的金属摩擦声，到达山顶后，又被滑放到充满红色泥浆的沟渠中。其间只有水和树，别的什么都没有。这是德国导演沃纳·赫尔佐格的电影《陆上行舟》中史诗般的一幕，电影场景非常恰当地展现了理智疯狂的精髓。或许没有任何船只会停留在赤道附近丛林深处的山顶上，但这种意象揭示了亚马孙的原始力量如何激发人类的无限想象力。大约500年前，弗朗西斯科·德·奥雷利亚纳率领的西班牙士兵从热带雨林深处活着走了出来，他们是这

P270
乌鲁班巴河是亚马孙河的上游源头之一，它发源于秘鲁安第斯山脉东部的科迪勒拉山，流经约700千米后汇入坦博—乌卡亚利河。

P271 上和下
乌鲁班巴河从秘鲁安第斯山脉东部的支流穿过，河道两旁是长满绿色植被的陡峭石壁。阿普里马克河和乌鲁班巴河之间的地区是印加文化的政治和宗教中心。坐落在这片美丽沃土上的有太阳之城库斯科，以及考古学家在20世纪初期才发现的神秘的马丘比丘古城。

样描述这里一个母系部落的：她们赤身裸体，手拿弓箭，与任何胆敢进入她们领地的人开展激烈的战斗。她们和男人发生关系只是为了保持种族的延续，她们会杀死男婴，并教导她们的女儿如何战斗。

直到今天，亚马孙河还是一个传奇。数个世纪以来，这条大河呈现出不可言说的未知：这是一个梦幻般的地方，在模糊不清的生命流逝中，时空观念合为一体，而现实世界约束我们的任何常规，在这里全都失去了价值。那些潜入"绿色地狱"深处的探险家幸存下来后都变得困惑不解，如酒醉一般沉浸在那个世界——他们谈到20米长的蟒蛇，怪异恐怖的植物，能在几分钟内吃完一头牛的长着利齿的鱼，还有猎手和毒箭。尽管其中一部分内容略有夸张，但多数内容

P272 上
乌鲁班巴河上游的两岸是植被稀疏的陡峭山脉，2月至4月，秘鲁安第斯山脉东坡降雨充沛。

P272 下
古城的废墟、石墙以及用巨大的方形石块以令人难以置信的精度建造而成的寺庙遗迹，异常均匀地点缀着乌鲁班巴河及神圣的印加山谷。

P272-273
秘鲁安第斯山脉上的乌鲁班巴河畔高原种植了玉米、土豆、大麦和蔬菜等农作物。印加人的后代克丘亚族就生活在这里。

P273 下
对于秘鲁东北部的许多居民来说，亚马孙河是与外界交往的唯一途径。这条河可供大型船只沿河溯航3700千米，一直到达伊基托斯。

的确真实，当然也有一部分纯属幻想，甚至是谎言。

亚马孙河的整个历史似乎都伴随着集体癫狂，即便是最实事求是的人也可能无法避免这种神志上的错觉。在这种环境下，人们似乎觉得一切皆有可能，甚至是在距离最近的文明地区几千米远的马瑙斯修建一座可容纳1600人的歌剧院。1924年，汽车大亨亨利·福特耗资数百万美元，在圣塔伦上游地区沿着塔帕若斯河修建了一个橡胶园。很快，福特之城和贝尔特拉两座城市兴建起来，电力供应、医院和现代基础设施一应俱全。然而，这个项目最终还是失败了。怪异的是，在整个亚马孙河流域自然长成的三叶橡胶树却不能在塔

中美洲和南美洲

帕若斯肥沃的土地上正常生长。最近的项目情况也不尽如人意。后来，一位美国商人斥巨资，试图在靠近亚马孙河三角洲的雅里河沿岸植树造林。他的设想是先在别处培养植物和建设发电站，然后一点一点挪到这个地方，但如今这些设施和建筑还是被遗弃了，等待着另作他用。

P274-275

亚马孙河上低矮的岛屿覆盖着繁茂的植被，小岛常常在河水的季节性泛滥下改变形状。在巴西，距离河口不少于1500千米的河段，河流宽度超过10千米。

亚马孙森林是幻想的墓地，它会吞噬铁路、工业厂房甚至整个城镇，所有这一切都在转瞬之间崛起而后又灰飞烟灭。亚马孙河本身远远超出了人类的认知范畴，从这个角度来讲，世界上任何一条大河在亚马孙河面前都显得苍白无力。只有尼罗河比它长，但其流量不足亚马孙河流量的百分之一。在洪涝期间，亚马孙河进入大西洋的流量每秒超过200,000立方米，这一天的水量即可满足整个西欧六个月的用水需求。如此巨量的河水使得海水的盐度大大降低，因而在入海口附近形成了广阔的大型淡水水域。亚马孙河流域有1000条以上的支流，流域面积达700万平方千米，占据了巴西一半领土以及秘鲁、哥伦比亚、厄瓜多尔和玻利维亚的大片领土。亚马孙河的一些支流比欧洲最大的河流更长，流量

P274 下和P275 上
在亚马孙河中下游占主角地
位的是无边的森林、岛屿和
大型沙洲,河流进入巴西又
称为索利蒙伊斯河。一千多
条支流源源不断地为这条大
河提供水源,这条河以很小
的坡度缓缓地流向海洋。它
的流流范围很像一个巨大的
贝壳,大约吸收了全世界三
分之二的水流。

P275 下左
当亚马孙河穿越巴西热带雨
林时,河面延展得无边无际,
河水终年不息地流淌着。

P275 下右
对生活在亚马孙河沿岸的当
地原住民来说,捕鱼是他们
最主要的生活来源。

更大。其中有七条支流的长度超过2000千米,而发源于秘鲁安第斯山脉的普鲁斯河几乎和伏尔加河一样长。塞纳河、泰晤士河,甚至雄伟的莱茵河与南美洲的内格罗河、马代拉河、托坎廷斯河、普图马约河、雅普拉河以及其他十几条鲜为人知的河流相比都显得微不足道了。

亚马孙河也是完美的天然水运航道。它像内海一样宽阔,在某些地方深度可达70米。中型轮船甚至能在亚马孙河溯航3700千米,直达秘鲁的伊基托斯港。在1500万年前安第斯山脉还未形成之时,亚马孙平原能够直接俯瞰太平洋。在山脉边缘形成的大湖之水逐渐向东打开一道缺口,在大陆上形成一条通道,并逐渐填满了风化物。从亚马孙河流域的地貌可以看出,亚马孙河形成的地质变化发展——流域向西呈张开的扇状,然后在圣塔伦上游不远处收束变窄,河水流淌在古老而坚固的结晶岩上。日积月累的泥沙形成了一个几乎完全水平的景观——当亚马孙河在与雅瓦里河的汇合处进入巴西时,到海洋的落差仅有80米。

亚马孙河的系谱图相当复杂。它的最初源头,即离入海口最远的地方位于秘鲁南部海拔超过5000米的偏远山区。发源于奇拉峰和安帕托峰的激流流入阿普里马克河,沿着安第斯山脉陡峭的斜坡上倾泻而下,不同河段又分别称为埃内河及坦博河。坦博河与乌鲁班巴河汇合,然后又流

没有任何巴西地图能详细描绘亚马孙河延伸与分布
的情况，它流经的雨林令人窒息，河水为许多干涸
的汊流提供了充沛水源。

入乌卡亚利河。接着，乌卡亚利河与马拉尼翁河合并，形成了亚马孙河。马拉尼翁河大大增加了亚马孙河的流量，河流带着汹涌之势继续前进，来到秘鲁亚马孙地区唯一的大城市伊基托斯。亚马孙河与来自厄瓜多尔的纳波河交汇后转变了方向，平静地流向巴西边境，这段河流又叫作索利蒙伊斯河。河床变得越来越宽，然后产生次级分流在森林里迂回徘徊数千米，在这个过程中或是与支流交叉汇聚，或是永久地流入大型潟湖中。

　　这张巨大的水系网络的边界和结构模糊不清，因为它们随着不同汛期水位的涨跌而变化。在这片无边的领地，不仅降水充沛——每年超过2000毫米，而且各个区域均有较大的可变性，因此，河流的规模永远处于变化之中。一般来说，赤道以南的降水可以从10月持续到次年4月；而赤道以北的雨季则在春、夏两季。对马拉尼翁河、乌卡亚利河及来自安第斯山脉的其他支流来说，最大的流量是在春天。另外，洪水泛滥时的流量大小也取决于不同河段：在同一时期，乌卡亚利河水位可以上升6米，河口附近可以上升4米，而索利蒙伊斯河中部的特费附近则可能上涨20米。由于蒸发作用，亚马孙热带雨林本身可以产生当地四分之三的降雨量，形成了一个近乎完美的封闭循环系统。这个巨大的有机体尽管大致是动态平衡的，实际却十分复杂。

P278 上
在洪水期，亚马孙河漫延到周围的森林，淹没了70,000平方千米的土地。在洪涝区，房屋都建在柱子上。

P278 下
被称为瓦尔泽亚的森林地域受亚马孙河周期性洪水的侵扰，水位可能上涨15米，形成一个庞大的湖泊。

P278-279
在马瑙斯上游的特费附近，雄伟的亚马孙河及其众多支流的河岸两侧分布着常年被洪水淹没的大片沼泽。

P279 下
巴西亚马孙村庄的小屋居住着25～120人，它们围绕着中心广场呈圆形排列成一圈。

　　除了永久洪泛区，这里有两种主要类型的雨林：陆地雨林及泛滥平原雨林。前者几乎占据了整个亚马孙河流域，并延伸到河谷以外地势更高的区域。其中的植物种类数量惊人，某些区域的植物类型可达3000种。树木参天，有时可高达60米。然而，陆地雨林经常受到暴雨的持续袭击，那里的土壤几乎不含任何营养物质。生活在这种环境中的当地原住民基本以狩猎和采集野

P280 上和下
尽管掩在遮天蔽日的亚马孙密林中，几座石屋和一个小教堂却足以被称作一个"村庄"，并在巴西地图上标示出来。由于孤立的村庄缺少陆上交通，他们的生产和生活几乎完全依赖于亚马孙河上通行的船只，这些船只全年持续往返，提供给村民货物商品以及出行便利。

P290-281
渔民毫不理会瓢泼大雨，沿着内格罗河的一条航道一路航行，寻找适于撒网捕鱼的地方。据估计，在亚马孙河流域生活着约1500种鱼类。

果为生，并按照传统的"刀耕火种"的方式进行迁徙式的农业生产——首先燃烧一小块森林，并利用燃烧后的灰烬为土壤自然增肥，从而获得几年的好收成。不过几年之后，这片土地会再次失去生产能力。为了持续寻找可供开垦的新土地就需要不断迁徙，因此他们过着一种半游牧式的生活。在泛滥平原式的雨林地区，每年都要面临季节性洪涝，生存策略就截然不同了。这些森林呈带状分布，主要分布在距离亚马孙河及其支流两侧5千米至80千米不等的地带。河流在周期性的汛期中沉积下来的泥土能够为玉米和木薯田地提供肥料。人们在这里过着较为稳定的群居生活，与其他类型的雨林生活相比，这种社会结构更加复杂和明确。

　　无论是身处村庄还是城镇，亚马孙河流域的居民都依靠河流出行。尽管该地区滥伐森林、滥采矿产的现象无法勒令禁止并且愈演愈烈，但大部分森林仍然处于无法进入的原始状态。热带雨林比温带森林更加古老，就如一个庞大的温室，里面的温度和湿度几万年来一直保持恒定。经过长期不断的生存竞争，动植物的适应能力可达到外界难以想象的程度。正如巴西学者兼旅行家克劳迪奥·比利亚斯·博厄斯所说，在这个闷热阴暗的世界里，"任何生物都不可避免地参与到一个独特、巨大、不间断的繁殖、消化和排泄的循环过程中"。河流直接促成了这一过程。

　　亚马孙河中大约有1500种鱼类，比在欧洲河流中发现的所有鱼类总和多出十倍。有些鱼体型巨大，比如巨型鲶鱼和巨骨舌鱼，就如一个长3米、重130千克的怪物。一种比食人鱼更可怕的小型生物是牙签鱼，它是一种5～6厘米长的寄生鱼类，鳃盖下是锋利的倒钩刺。它能够进入

人和其他动物的尿道和肛门，后果往往是致命的。还有有趣的四眼鱼，能像叶子一样漂浮在水面上，是具有鳃和肺的两栖鱼。大量的鳄鱼、乌龟、海豚、海牛以及其他各种各样让人眼花缭乱的生物在亚马孙河中繁衍生息。亚马孙河的动物群名单中，蟒蛇的名字占有一席之地；英国探险家珀西·哈里森·福西特上校曾详细描述过一条长达19米的巨蟒，但在1925年，他和他的探险远征队在马托格罗索地区失踪了。从人们口耳相传的"绿色地狱"的轶事来看，那里10～12米长的蛇应该非常普遍。更为谨慎的自然学家会认为它不超过8米，这自然是值得怀疑的，因为这里是神秘的亚马孙河。

内格罗河及北部其他支流的泥沙和营养物质相对较少，就连亚马孙河流域每个角落都无处不在的昆虫，在这里的数量也比其他流域要少。然而矛盾的是，这里却生活着大量鱼类。人们发现，这些鱼类也可以在森林的洪泛区生存，那里就像一个大自然的储藏室，昆虫、种子及其他从树上落下的食物形成了富饶的水下牧场。内格罗河长2000千米，流量等同于刚果河，它的名字

　　　　　　　　　　　　　　　　　　　　　　　　　　　　中美洲和南美洲

P282-283
亚马孙王莲是亚马孙地区分布很广的一种大型睡莲,它们的叶子直径可达2米。这种植物的种子可以用来做面粉。

P283 上
凯门鳄生活在亚马孙流域的各个角落。这些大型群居两栖爬行动物常常成群结队地聚集在湖泊周围或河流沿岸的沙滩上。

P283 中
亚马孙水獭与它们的欧洲同类一样好玩且性情温顺。一些属于巨獭属的水獭身长可达2米,体重可达30千克。

P283 下
水雉的脚趾特别长,这样当它们寻找食物时,就可以很方便地在覆盖亚马孙潟湖的漂浮植物上畅行无阻。

来自它棕色的河水,这种颜色是由于水中富含大量植物的疏松物质。当内格罗河靠近亚马孙河时,安第斯山脉上被冲刷而下的碎石已经使亚马孙河水变得浑浊,神奇的是这两条河流并行前进80千米却没有任何混合,就像中间有一道人工屏障隔开一样。17世纪末期,葡萄牙在距离与亚马孙河交汇处还有20千米的内格罗河左侧河岸修筑了一个军事堡垒。接下来的两个世纪里,内格罗河畔巴拉只不过是丛林间一个寂静的小村庄。后来似乎在一夜之间发生了剧变,这个默默无名的小村庄飞速发展成为世界上富裕的城市之一,并更名为马瑙斯。

这一切都源于"橡胶热"。贵重的天然橡胶是"会流眼泪的树"馈赠的礼物,在美洲历史之初就广为人知——玛雅球场上弹跳的球就是由这种橡胶制成;丛林中的印第安人也是用它制成了防水独木舟、摔不碎的烧瓶以及其他大量日用

品和礼仪用品。但直到1738年，橡胶才传到欧洲。那时，法国自然学家拉孔达米讷将橡胶放在行李中，避免科学仪器在亚马孙河漫长的旅途中受损。橡胶是一种像淀粉和纤维素一样的天然聚合物，可以通过多种植物的乳胶获取，特别是亚马孙河流域的帕拉橡胶最为出名。橡胶的工业潜力直到硫化作用的发现才被人们所认识：橡胶和硫黄一起经过高温处理，其韧性增强的同时仍可保持高弹性。1888年是一个具有革命意义的里程碑年份，苏格兰人约翰·邓洛普发明了轮胎。这种新产品的需求极大，马瑙斯成了亚马孙地区所有橡胶的分拣和物流中心。1850年，橡胶出口量为1000吨，到20世纪初时增至20,000吨，1910年时已达到80,000吨。成千上万的橡胶收

P284-285
位于内格罗河左岸的马瑙斯距亚马孙河口约1600千米，是巴西重要的河港之一，人口大约225万。

P284 下
内格罗河的河水不管是透明还是泛红，都几乎没有任何悬浮的泥沙。这条亚马孙的最大支流发源于圭亚那边境的岩层之中。

P285 上
巴西亚马孙流域采伐的大部分木材用于出口。仅在2002年，森林砍伐面积就达23,000平方千米，这很可能造成难以修复的破坏。

P285 下左和下右
当河水流经森林地带时，水中的植物碎屑不断积累，致使内格罗河的河水呈现出棕色；与之不同的是，从安第斯山脉下来的淤泥使亚马孙河的河水变得浑浊。

集者蜂拥而至，沿亚马孙河及其最偏远的支流逆流而上，最远到达厄瓜多尔和玻利维亚，他们为了寻找橡胶树搜遍了整个森林。从树皮上的切口中流出的树脂液体，采集下来用火烘干后可制成重30~40千克的片状或条状橡胶。来自森林各个角落的橡胶运至城镇，堆积在码头，并时刻准备装载上开往贝伦港口的货船。钱币如雨一般洒向马瑙斯，这座偏远的小荒村成长为一座现代大都市，成为世界上最早一批建有有轨电车的城市。马瑙斯就是通过这种方式摆脱贫穷的。另外，横渡大西洋的顶级邮轮将它与利物浦直接相连。大教堂和歌剧院兴建而成，从葡萄牙运来的石头铺成了宽阔的公路和广场。直到1912年，当商人们发现远东地区的新型橡胶种植园能获利更多时，这座城市迅猛发展的时代便结束了。

　　如今，马瑙斯拥有约225万人口。它喧哗的过去已成为一段记忆，但那里的生活依然与亚马孙河息息相关，因为亚马孙河是马瑙斯与外面世界联系的唯一有效的方式。从马瑙斯到大西洋海岸的亚马孙三角洲需要三天时间，那里运河如迷宫般交错，河流从马拉若岛边沿流过。有时河流水位较低，潮水能沿河向上延伸数百千米进入内陆，然后亚马孙河又会恢复它原始的生命力，再次建立起它在自然和人类面前绝对的统治地位。

The Paraná

巴拉那河
理想国度与现实世界

巴西
BRAZIL

巴拉圭
PARAGUAY

伊泰普
Itaipu

伊瓜苏
Iguasu

科连特斯
Corrientes

阿根廷
ARGENTINA

圣菲
Santa Fe

乌拉圭
URUGUAY

罗萨里奥
Rosario

蒙得维的亚
MONTEVIDEO

布宜诺斯艾利斯
BUENOS AIRES

大西洋
ATLANTIC OCEAN

太平洋
PACIFIC OCEAN

0   180km

P286和P288-289
在一片袅袅迷雾中，巴拉那河水从伊泰普水坝倾泻而下，形成了恢宏壮丽的瀑布。这是人类迄今所建的发电功率最高的水力发电站。这个建于1982年的大型工程阻挡了河流的通行，其混凝土坝高80层楼，拦围出的人工湖长200多千米，淹没了瓜拉尼人居住的大片土地。

P287
乌拉圭河畔，广阔的大草原和成群结队的牲畜展现了一幅巴西西南部美丽的画卷。这里同时也是巴西与阿根廷的边界。乌拉圭河与巴拉那河汇合后形成了拉普拉塔河。

中美洲和南美洲

　　拉普拉塔河就像一盏巨大的酒杯，容纳了世界上广阔的水系系统之一，仅仅在规模和发展程度上落后于亚马孙河、密西西比河及刚果河流域。巴拉那河、巴拉圭河、乌拉圭河及它们支流的流域面积达300万平方千米，占南美洲总面积的六分之一。可通航的水运网络也相当庞大，远洋船舶可以驶向阿根廷的经济中心罗萨里奥和圣菲，而中型船能直至亚松森、巴拉圭和巴西内陆最深处的马托格罗索地区。阿根廷和巴西在这方面有着雄心勃勃的计划：在不久的将来建立一系列不间断的运河及水闸，将拉普拉塔河与铁特河、圣保罗连接起来，给那些到目前为止尚与现代商业路线隔绝的地区带来新的生命活力。这种想法是否可行以及何时能付诸实践确实很难预测，但巴拉那河是一条连接大陆各方的重要航道，这与它的历史使命是一致的。

　　16世纪初期，巴拉那河就已表明了自身的角色。那时西班牙海军领航官胡安·德·索利斯、葡萄牙航海家费尔南德·麦哲伦和西班牙航海家塞巴斯蒂安·卡伯特驾快船驶入拉普拉塔河宽阔的河口，寻找通往太平洋的通道。拉普拉塔河在西班牙语中是"银"的意思，根据神话故事，还有另一个沉睡的秘鲁等待着被发现和开掘。从那时起，巴拉那河就一直作为一位无声的旁观者，静静地看着西班牙和葡萄牙征服者的入侵和袭击。它见证了大教堂的兴起和耶稣会神父的乌托邦

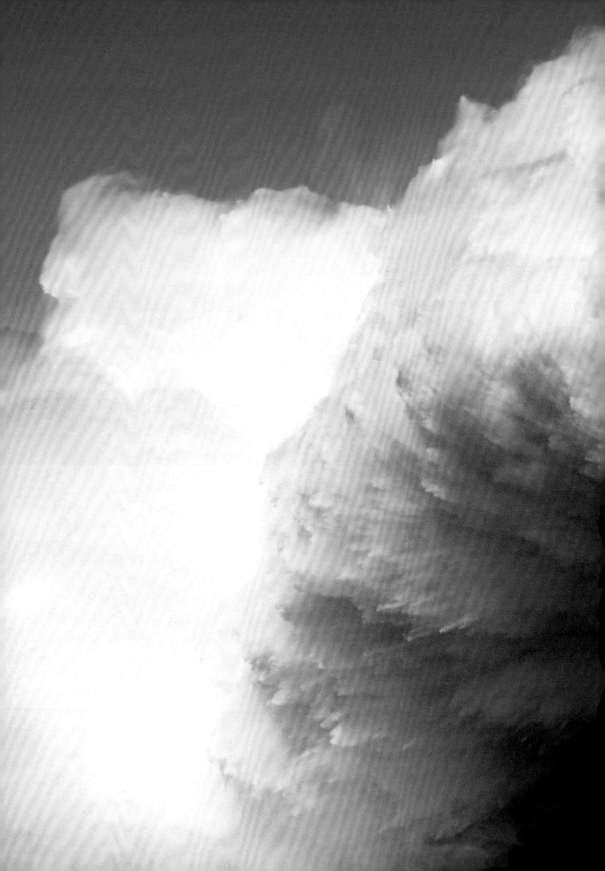

P290 上和P290-291
伊瓜苏瀑布的形成可以追溯到1.5亿年前，那时大量的熔岩倾流而出阻断了河道。我们现在看到的瀑布是长期侵蚀的结果，伊瓜苏河通过大量的汊流倾泻到下面的峡谷之中，形成的巨大水雾即便在15千米之外也能看见。

P290 下和P291 下
西班牙探险家卡韦萨·德巴卡在1541年发现了伊瓜苏瀑布，它是巴拉那河的一条支流。他将其命名为圣玛丽亚瀑布。伊瓜苏在瓜拉尼语中意为"伟大的水"，河水流经900千米后注入更大的巴拉那河，它在雨季时每秒流量可达6500立方米。

社会主义实验，也见证了可怕、残酷的战争。河岸不远处是阿根廷的科连特斯，民族独立战争的革命英雄何塞·德·圣马丁就出生在这里。意大利英雄朱塞佩·加里波第曾是巴拉那河上的一名海盗，他在其中练就了一身军事本领并成功运用到后来的意大利统一运动和战役中。巴拉那河河口接纳了数以百万计寻找财富的移民，并见证了不同文化间的汇聚、融合、和谐统一。

如今，巴拉那河被巨型大坝和水电站控制着，已成为南美洲地区经济发展的脊梁。事实上，它的名字在瓜拉尼语中是"大海"的意思，更广义上说是"众海之父"。巴拉那河长5290千米（从主源格兰德河起），由两条明显的源流汇合而成。最重要的是，巴拉那河

的源流之一格兰德河发源于里约热内卢以西的曼蒂凯拉山脉，距大西洋仅80千米。河水在布满障碍的坚固河床上奋力驰骋，直到与发源于曼蒂凯拉山脉高地的巴拉那伊巴河交汇。从那里起，这条巨大的河流被命名为巴拉那河，它有很长一段河段作为圣保罗州和南马托格罗索州的界河。它一路飞驰着，经过巴西高原荒凉多石的地形，沿途急流险滩，水位骤降——至少1982年之前总是如此。瓜伊拉的七条瀑布飞流直下，飞溅起动人心魄的旋涡和气泡，在1982年之后，它们就被淹没在200千米长的人工湖的深处了。造成这种情况的原因是修建了伊泰普大坝，大坝钢筋混凝土的用量是尼罗河阿斯旺大坝的6倍。统计数字显示：大坝高约200米，长约7.7千米，年发电量900亿千瓦，这相当于巴西用电需求的

四分之一。为了修建这座大坝，不得不使用炸药在岩石上为巴拉那河改道劈开一条如同巴黎的塞纳河那样宽的分水渠。伊泰普大坝稳固如山，由它产生的洪水波能远至1500千米之遥的布宜诺斯艾利斯。

　　探险家卡韦萨·德巴卡曾在1541年来过这里，若他能亲眼看到大坝，想必大坝的恢宏也会给他留下极为深刻的印象。这位著名的西班牙船长以严谨和自律著称，他几乎一眼都不看伊瓜苏大瀑布，因为他认为这是一个令人烦恼的航行障碍，他还用简洁而冷酷的一句话给瀑布下了定义："从大石头上流下来的水。"2.5千米宽的玄武岩浸没在热带植被中，就像专为300条瀑布准备的跳板，河水从80米的高处纵身跃下，跳入同宽的名为"魔鬼喉"的深渊。瀑布打着旋儿跌到谷底的岩石上，有时候，它就像一张白色面纱，还未落入深渊底部便消失在如烟的水雾中。根据瓜拉尼的传说，伊瓜苏瀑布是河神巨蟒愤怒时激起的，它扭动着身体撞击高山，致使河水偏离

P292-293
在巴拉那州和圣菲省之间，巴拉那河流入15千米宽、50米深的巨大河床。然后，绕行一个宽阔的弯道后穿过冲积平原，到达一马平川的三角洲地区。

P293 下
巴拉那河三角洲拥有数百条航道，周围常常环绕着浓密的热带植被，面积超过20,000平方千米。

了河道。不知不觉间，这个庞然圣物的愤怒创造了一个无与伦比的天堂。谷底升起的水雾滋养着不计其数的植物万年长青，数百种鸟类、爬行动物和哺乳动物生活在这美妙非凡的仙境中——这是曾经覆盖巴西南部的最后一片森林。

与伊瓜苏河融汇后，巴拉那河静静流淌在巴拉圭—阿根廷边界的沼泽河床上，形成了多条汊流和群岛。17世纪末期，耶稣会修士第一次进入巴拉那河上游地区传教。几十年中，大约有30个定居点，超过100,000个瓜拉尼印第安人暂时摆脱了西班牙当局的控制，几乎完全实现了政治独立：一个真正的国中之国，具有神权和社会的特征。在这些区域中，耶稣会修士不仅传授天主教义，也教人们绘画、雕刻、音乐和文学。奴隶制和私有土地所有权被废除，每周的工作时间减少到30小时：农业和手工业产品支撑着社区经济的繁荣。西班牙国王查理三世由于害怕失去对该地的政治统治，将耶稣会修士从殖民地驱赶出去，被称作"圣徒共和国"的实验也于1767年以失败告终。这些传教士通过建立教堂、车间、广场、房屋和商店给他们坚石一般的乌托邦理想国增加了厚度和强度。耶稣会以及位于巴拉圭的特立尼达岛上的遗迹让人倍感震撼，也是那个拥有信仰和文明的非凡尝试中仅有的遗物。

在科连特斯，巴拉那河流淌在广阔的冲积平原上，接纳了来自大查科地区的皮科马约河和贝尔梅霍河，这大大增加了巴拉那河的流量，使它在行经圣菲附近的河床宽达15千米。森林在很久以前就不见了踪影，取而代之的是无边的阿根廷潘帕斯草原，似乎没有任何物体能打破草原上一望无际的和谐与宁静。这是高乔人的居住地，他们主要从事畜牧业，生产肉类、小麦和羊毛。很久以前，这些传说中的平原神骑手的后代放弃了《马丁·菲耶罗》史诗中吟诵的无忧无虑和漂泊的日子。如今，这些南美洲的牛仔在牧场中工作来获取相应工资，还有一个协会保护他们的利益。但许多牛仔仍然脚蹬传统皮靴，颈围方巾，嘴里品着巴拉圭茶——一种用生长在整个巴拉那河畔的常青树叶做成的茶叶。

在圣菲下游，巴拉那河分出多条渠道和汊流，形成了三角洲。巴拉那河水慢慢流向拉普拉塔河，而后在那里与乌拉圭河交汇。河口约300千米长，50～200千米宽，布宜诺斯艾利斯和蒙得维的亚海港几

P294-295
布宜诺斯艾利斯建于1536年，是南美洲的大都市之一。该城市位于拉普拉塔河左岸，拥有308万人口。

中美洲和南美洲

乎停泊着所有跨越大西洋去南美洲的船只。布宜诺斯艾利斯港具有非常重要的战略地位，以至于那里的居民都被称为"港人"。四百年前，布宜诺斯艾利斯在古博卡区的河畔建城，那里是探戈的诞生地，旧时被称作"银河"的巴拉那河浑浊的河水，带着充满激情的音乐漂洋过海，走向了世界。

持续的疏浚工作使大型船舶得以从拉普拉塔河河口通行，它是进入内陆水路网的门户，可通航约3200千米。

地理名词中外对照表 ————————————

A

阿巴拉契亚山脉 Appalachian Mountains

阿布·辛拜勒神庙 Temple of Abū Simbel

阿达卜 Adab

阿达河 Adda River

阿德里亚 Adria

阿迪杰河 Adige River

阿迪朗达克山脉 Adirondack Mountains

阿杜拉山脉 Adula Massif

阿尔卑斯山脉 Alps

阿尔代什省 Ardèche

阿尔马桑 Almazán

阿尔梅里亚 Almerća

阿尔萨斯 Alsace

阿卡得 Akkad

阿卡迪亚 Arcadia

阿卡沙 Akasha

阿肯色州 Arkansas State

阿空加瓜河 Aconcagua River

阿拉卡南达河 Alakananda River

阿拉斯加 Alaska

阿拉斯加山脉 Alaska Range

阿列河 Allier River

阿卢埃特角 Pointe-aux- Alouettes

阿姆河 Amu Darya

阿姆斯特丹 Amsterdam

阿纳姆 Arnhem

阿尼玛卿山脉 Amne Machin Range

阿普雷河 Apure River

阿普里马克河 Apurćmac River

阿萨巴斯卡河 Athabasca River

阿萨姆邦 Assam

阿斯旺 Aswān

阿塔科拉山 Atakora Mountain

阿塔图尔克水坝 Atatürk Dam

阿塔瓦波河 Atabapo River

阿特巴拉河 Atbara River

阿特科尔 Atakor

阿特拉托河 Atrato River

阿特林湖 Lake Atlin

阿图雷斯急流 Atures Rapids

阿亚库乔港 Puerto Ayacucho

阿伊尔山 Air Mountains

阿宰勒里多 Azay-le-Rideau

阿扎瓦克河 Azaouak River

阿扎伊姆河 the Adhaim

埃布罗河 Ebro River

埃德尔河 Erdre River

埃尔津詹 Erzincan

埃尔祖鲁姆 Erzurum

埃雷克 Erech

埃利都 Eridu

埃利斯岛 Ellis Island

埃纳河 Ene River

埃塞俄比亚 Ethiopia

埃森 Essen

埃斯拉河 Esla River

埃斯泰尔戈姆 Esztergom

埃托沙湖 Lake Etosha

艾奥瓦州 Iowa State

艾伯特湖 Lake Albert

艾米利亚-罗马涅区 Emilia-Romagna

艾塔斯卡湖 Itasca Lake

爱德华堡 Fort Edward

爱德华湖 Edward Lake

安大略湖 Ontario Lake

安德尔河 Indre River

安的列斯海 Antilles Sea

安第斯山脉 Andes Mountains

安蒂科斯蒂岛 Anticosti Island

安哥拉 Angola

安拉阿巴德 Allahabad

安纳托利亚 Anatolia

安帕托峰 Ampato Mountain

昂布瓦斯 Amboise

昂热 Angers

奥尔巴尼 Albany

奥尔巴尼河 Albany River

奥尔顿 Alton

奥尔科河 Orco River

奥尔良 Orleans

奥尔良岛 Iled' Orléans

奥卡万戈河 Okavango River

奥卡万戈三角洲 Okavango Delta

奥克索山 Mont Auxois

奥拉卡河 Auraca River

奥兰治河 Orange River

奥里诺科河 Orinoco River

奥廖河 Oglio River

奥鲁 Aourou

奥马哈 Omaha

奥尼查 Onitsha

B

巴杜斯峰 Piz Baduz

巴尔德拉杜埃河 Valderaduey River

巴尔干半岛 Balkan Penisula

巴尔干山脉 Balkan Mountains

巴伐利亚州 Bavaria

巴格达 Bagdad

巴拉 Barra

巴拉圭河 Paraguay River

巴拉那河 Paraná River

巴拉那伊巴河 Paranaíba River

巴拉那州 Paraná State

巴勒斯坦 Palestine

巴黎盆地 Paris Basin

巴利亚多利德 Valladolid

巴罗策兰 Barotseland

巴马科 Bamako

巴尼河 Bani River

巴戎寺 Bayon Temple

巴塞尔 Basel

巴塞河 Bassac

巴特那 Patna

巴吞鲁日 Baton Rouge

巴托卡 Batoka

巴西高原 Brazilian Highlands

巴伊亚州 Bahía Estado

白海 White Sea

白金汉郡 Buckinghamshire County

白令海峡 Bering Strait

拜恩州 Bayern

班韦乌卢湖 Bangweulu Lake

保加利亚 Bulgaria

鲍威尔湖 Powell Lake

北达科他州 North Dakota State

北方邦 Uttar Pradesh

北海 Nordsee

贝尔格莱德 Belgrade

贝尔梅霍河 Bermejo River

贝尔特拉 Belterra

贝拉 Beira

贝伦 Belém

贝宁 Benin

贝努埃河 Bénoué River

本顿 Benton

本图阿里河 Ventuari River

比哈尔邦 Bihar

比斯开湾 Biscay Bay

秘鲁 Perú

宾格湖 Binger Loch

宾根 Bingen

波恩 Bonn

波尔多 Bordeaux

波尔图 Porto

波弗特海 Beaufort Sea

波河 Po River

波罗的海 Baltic Sea

波丘派恩河 Porcupine River

玻利瓦尔 Bolívar

伯克郡丘陵 Berkshire Downs

勃艮第 Bourgogne

博茨瓦纳 Botswana

博登湖 Bodensee

博多河 Padma River

博尔 Bor

博尔河谷 Bor Valley

博南萨河 Bonanza Creek

博索干河 Dallol Bosso River

博约马瀑布 Boyoma Falls

不列颠哥伦比亚省 British Columbia
Province

布阿维亚雷河 Buaviare River

布达佩斯 Budapest

布法罗 Buffalo

布加勒斯特 Bucharest

布拉柴维尔 Brazzaville

布拉迪斯拉发 Bratislava

布拉马普特拉河 Brahmaputra

格兰德河 Grande River

格劳宾登州 Graubünden Kant

格雷夫森德 Gravesend

格林河 Green River

格林尼治 Greenwich

格林维尔 Greenville

格林镇 Green

格伦瀑布 Glenn Falls

格伦峡谷 Glen Canyon

格洛斯特郡 Gloucestershire

格吕岛 ile-aux-Grues

各拉丹冬雪山 Gêladaindong Snow
   Mountain

根德格河 Gandak River

根戈德里 Gangotri

古尔奈 Qurnah

瓜维亚雷河 Guaviare River

瓜伊拉 Guaíra

圭亚那 Guiana

H

哈得孙河 Hudson River

哈得孙湾 Hudson Bay

哈弗斯特罗 Haverstraw

哈扎尔湖 Lake Hazar

海德堡 Heidelberg

海迪凯尔河 Hiddikel

汉堡 Hamburg

豪拉 Howrah

赫里德瓦尔 Haridwar

黑海 Black Sea

黑林山 Black Forest

恒河 Ganges River

恒河三角洲 Ganges Delta

胡佛大坝 Hoover Dam

胡格利河 Hooghly River

怀俄明州 Wyoming State

怀特河 White River

怀特霍斯 Whitehorse

怀特霍斯急滩 Whitehorse Rapids

黄河 Yellow River

霍博肯 Hoboken

霍尔特湖 Lake Holter

霍利克罗斯 Holy Cross

J

基奥加湖 Kyoga Lake

基利亚河 Kilya River

基桑加尼 Kisangani

吉拉夫河 Giraffe River

几内亚 Guinea

加奥 Gao

加布奇科沃 Gabčikovo

加丹加高地 the Katanga Highlands

加尔各答 Calcutta

加拉白垒峰 Gyala Pera

加拉茨 Galati

加勒廷河 Gallatin River

加利福尼亚湾 Gulf of California

加利纳 Galena

加斯佩半岛 Gaspé Peninsula

加瓦尔 Garhwal

加扎勒河 Gazelle River

柬埔寨 Cambodia

焦利巴河 Djoliba River

杰贝勒河 Jabal River

杰斐逊河 Jefferson River

杰内 Djenné

金边 Phnom Penh

金德代克 Kinderdijk

金沙萨 Kinshasa

金斯顿 Kingston

津巴布韦 Zimbabwe

桔井 Kratie

K

喀喇昆仑山 Karakorum

喀土穆 Khartoum

卡巴雷加瀑布 Kabarega Falls

卡布拉巴萨 Cabora Bassa

卡布拉巴萨瀑布 the Rapids of
   Cabora Bassa

卡茨基尔 Catskill

卡尔斯鲁厄 Karlsruhe

卡富埃河 Kafue River

卡盖拉河 Kagera River

卡克拉河 Gaghar River

卡拉哈迪 Kalahari

卡拉苏河 Karasu River

卡里巴 Kariba

卡里马 Karima

卡罗尼河 Caroni River

卡马克斯 Carmacks

卡纳克 Karnak

卡年巴 Kanyemba

卡萨内 Kasane

卡斯蒂利亚 Castile

卡斯蒂利亚运河 Canal of Castile

卡斯卡斯基亚 Kaskaskia

卡特拉克特峡谷 Cataract Canyon

卡西基亚雷河 Casiquiare River

卡因吉大坝 Kainji Dam

卡泽鲁卡 Kazeruka

开罗 Cairo

开赛河 Kasai River

凯班 Keban

凯尔海姆 Kelheim

凯马赫 Kemah

凯撒奥古斯特 Kaiseraugst

堪萨斯州 Kansas State

坎波斯 Campos

坎普尔 Kanpur

坎塔布连山 Cantabrian Mountain

康沃尔河 Cornwall River

科布伦茨 Koblenz

科茨沃尔德丘陵 Cotswold Hills

科德贝克-昂科 Caudebec-en-Caux

科迪勒拉山 Cordillera Mountains

科蒂安 Cottian

科连特斯 Corrientes

科隆 Köln

科罗拉多河 Colorado River

科马基奥 Comacchio

科姆翁博 Kom Ombo

科瓦莱达 Covaleda

克朗代克河 Klondike River

克雷莫纳 Cremona

克雷姆灵 Kremmling

克雷姆斯 Krems

克里克莱德 Cricklade

克里索洛 Crissolo

克利夫顿汉普登 Clifton Hampden

克罗地亚 Croatia

克罗泽群岛 Crozet Islands

肯布尔 Kemble

肯普斯福德 Kempsford

孔夫朗-圣奥诺里讷 Conflans-Ste-Honorine

孔戈洛 Kongolo

孔瀑布 Khone Falls

库比岗 Kubi Ganami

库比岗日峰 Kubi Gangri

库布齐沙漠 Kubuqi Desert

库德尔岛 le-aux-Coudres

库尔 Chur

库尔德斯坦 Kurdistan

库鲁萨 Kourossa

库内内河 Cunene River

库斯科 Cusco

库斯提 Kosti

库特城 Al-Kut

宽多河 Kwando River

魁北克 Québec

L

拉埃斯梅拉达 La Esmeralda

拉布拉多半岛 Labrador Peninsula

拉普拉塔河 La Plata River

拉萨尔山 La Sal Mountain

拉沙里泰 La Charité

拉万湖 Lake Araouane

拉欣急流 Lachine Rapids

莱昂 León

莱顿 Leiden

莱克河 Lek River

莱奇莱德 Lechlade

莱桑德利 Les Andelys

莱沃库森 Leverkusen

莱茵板岩山脉 Rhenish Slate Mountains

莱茵贝克 Rhinebeck

莱茵河 Rhein River

莱茵兰-普法尔茨州 Rhineland-Palatinate

莱茵瑙 Rheinau

莱茵瓦尔德峰 Rheinwaldhorn

赖谢瑙 Reichenau

兰尼米德 Runnymede

澜沧江 Lancang River

琅勃拉邦 Louangphabang

朗蒂尼亚姆 Londinium

朗戈 Langeaux

朗格勒高原 Langres Plateau

朗苏 Long Sault

朗苏通道 Long Sault Parkway

劳伦琴高地 Laurentian Highlands

老挝 Laos

勒阿弗尔 Le Havre

勒拿河 Lena River

勒皮 Le Puy

雷丁 Reading

雷东杜峰 Pico Redondo

雷根河 Regen River

雷根斯堡 Regensburg

雷马根 Remagen

雷韦洛 Revello

黎巴嫩 Lebanon

黎塞留河 Richelieu River

李氏渡口 Lee's Ferry

里昂 Lyons

里海 Caspian Sea

里彭瀑布 Ripon Falls

里士满 Richmond

利古里亚大区 Liguria Region

利鲁伊 Lealui

利姆仑加 Limulunga

利文斯敦急流 Livingstone Rapids

利物浦 Liverpool

林波波河 Limpopo River

卢阿拉巴河 Lualaba River

卢安瓜河 Luangwa River

默恩 Meung
姆班达卡 Mbandaka
姆韦鲁湖 Moero Lake
穆拉特河 Murad
穆兰-博代尔湾 Baie du Moulin-Baudel
穆萨瓦拉特 Musawwarat
穆塔拉拉 Muturara

N

拿破仑城 Napoleon
拿骚堡 Fort Nassau
纳波河 Napo River
纳尔逊河 Nelson River
纳加 Naga
纳米比亚 Namibia
纳奇兹 Natchez
纳赛尔湖 Lake Nasser
奈厄布拉勒河 Niobrara River
南达科他州 South Dakota State
南迦巴瓦峰 Namcha Barwa
南迦帕尔巴特峰 Nanga Parbat peak
南斯拉夫 Yugoslavia
南特 Nantes
南乌河 Nam Ou
楠达德维峰 Nanda Devi
讷韦尔 Nevers
内布拉斯加州 Nebraska State
内格罗河 Negro River
内华达州 Nevada State
内卡河 Neckar River
尼罗河 Nile River
尼姆鲁德 Nimrud
尼尼微 Nineveh
尼普尔 Nippur

尼日尔 Niger
尼日尔河 Niger River
尼亚丰凯 Niafounké
尼亚加拉瀑布 Niagara Falls
尼亚美 Niamey
尼扬当河 Niandan River
尼扬圭 Nyangwe
涅夫勒河 Nièvre River
宁巴山 Mounts Nimba
牛津 Oxford
纽堡 Newburg
纽芬兰 Newfoundland
纽伦堡 Nuremberg
纽约湾 New York Bay
努比亚 Nubia
诺湖 Lake No
诺曼底 Normandy

O

欧塞奇河 Osage River
欧文瀑布 Owen Falls

P

帕达莫河 Padamo River
帕达尼亚 Padania
帕吉勒提峰 Bhaqirathi Peaks
帕吉勒提河 Bhagirathi River
帕卡赖马山脉 Serra Pacaraima
帕里马湖 Parima Lake
帕里马山脉 Parima Mountains
帕利塞兹 Palisades
帕洛弗迪 Palo Verde
帕派寺 WatPa Phai
帕绍 Passau
帕特尼 Putney

帕韦斯 Oltrepò Pavese
帕维亚 Pavia
庞恰特雷恩湖 Pontchartrain Lake
佩克堡 Fort Peck
佩利河 Pelly River
佩利切河 Pellice River
佩尼亚耶菲尔 Peñafiel
佩斯州 Pest Megye
皮埃蒙特大区 Piedmont
皮安德尔雷 Pian del Re
皮科马约河 Pilcomayo River
皮斯河 Peace River
皮苏埃加河 Pisuerga River
皮亚琴察 Piacenza
普拉特河 Platte River
普雷斯堡 Pressburg
普鲁斯河 Purus River
普鲁特河 Prut River
普伦蒂斯 Prentiss
普图马约河 Putumayo River

Q

齐科瓦 Chicova
奇尔库特小道 Chilkoot Trail
奇尔特恩丘陵 Chiltern Hills
奇拉峰 Chila Mountain
乔贝河 Chobe River
乔治湖 George Lake
钦英吉 Chinyingi
琼莱运河 Jonglei Canal
丘吉尔河 Churchill River

R

热那亚 Genoa
日安 Gien

坦噶尼喀湖 Tanganyika Lake

坦克瓦 tankwa

唐古拉山 Tanggula Mountain

陶代尼 Taoudenni

陶努斯山 Taunus

特丁顿 Teddington

特费 Teffé

特拉华州 Delaware State

特兰西瓦尼亚 Transylvania

特雷比亚河 Trebbia River

特立尼达岛 Trinidad

特鲁瓦 Troyes

特罗匹斯托 Trois Pistoles

特洛伊 Troy

特斯林河 Teslin River

腾格里沙漠 Tengger Desert

提莱姆西河 Tilemsi River

提契诺河 Ticino River

提西萨特瀑布 Tisisat Falls

田纳西州 Tennessee State

铁特河 Tietê River

廷基索河 Tinkisso River

通布图 Tomboucton

头顿 Vung Tau

突厥斯坦 Turkestan

图尔 Tours

图尔恩 Tulln

图尔恰 Tulcea

图马湖 Tuma Lake

图森 Tucson

托德西利亚斯 Tordesillas

托坎廷斯河 Tocantins River

托罗 Toro

托罗斯山脉 Taurus Mts.

托赛 Tosaye

W

瓦巴肖 Wabasha

瓦尔河 Var River

瓦尔泽亚 Varzea

瓦格尼亚 Wagenia

瓦豪谷地 Wachau Valley

瓦拉几亚 Valachia

瓦拉纳西 Varanasi

瓦拉伊塔河 Varaita River

瓦兹河 Oise River

万象 Vientiane

旺代 Vendée

威利斯顿镇 Williston

威斯康星州 Wisconsin State

维埃纳河 Vienne River

维丁 Vidin

维多利亚湖 Victoria Lake

维多利亚瀑布 Victoria Falls

维克斯堡 Vicksburg

维朗德里 Villandry

维龙加 Virunga

维谢格拉德 Visegrád

维亚玛拉峡谷 Via Mala

委内瑞拉 Venezuela

温迪亚山 Vindhya Mountain

温莎 Windsor

翁弗勒尔 Honfleur

沃尔姆斯 Worms

沃拉诺 Volano

渥太华河 Ottawa River

乌班吉河 Ubangi River

乌本杜 Ubundu

乌尔 Ur

乌尔姆 Ulm

乌尔维翁山 Urbión Mountain

乌干达 Uganda

乌卡亚利河 Ucayali River

乌克兰 Ukraine

乌拉尔山脉 Ural Mountains

乌拉圭河 Uruguay River

乌鲁班巴河 Urubamba River

吴哥 Angkor

吴哥城 Angkor Thom

吴哥窟 Angkor Wat

五指急流 Five Fingers Rapids

伍尔维奇 Woolwich

X

西伯利亚 Siberia

西岱岛 Île de la Cité

西拿基立 Sennacherib

西奈半岛 Sinai

西瓦利克山脉 Siwalik Range

希雷河 Shire River

希农 Chinon

希沃令山 Mt. Shivling

锡尔河 Syr Darya

锡吉里 Siguiri

锡雷特河 Siret River

锡利斯特拉 Silistra

喜马拉雅山 Himalayas

夏延河 Cheyenne River

暹粒平原 Siem Reap plain

咸海湖 Lake Aral

肖蒙 Chaumont

小密苏里河 Little Missouri River

小扎卜河 the Little Zab

谢尔河 Cher River

新奥尔良 New Orléans

新马德里 New Madrid

新月沃土 Fertile Crescent
匈牙利 Hungary
休伦湖 Huron Lake
叙利亚 Syria

Y

雅里河 Jari River
雅鲁藏布江 Yarlung Zangbo River
雅普拉河 Japurá River
雅瓦里河 Javari River
亚得里亚海 Adriatic Sea
亚利桑那州 Arizona State
亚马孙河 Amazon River
亚美尼亚 Armenia
亚美尼亚高原 Armenian Plateau
亚穆纳河 Yamuna River
亚平宁山脉 Apennines Mountains
亚述巴尼拔 Ashurbanipal
亚松森 Asunción
盐湖城 Salt Lake City

扬克顿 Yankton
扬克斯 Yonkers
耶路撒冷 Jerusalem
叶尼塞河 Yenisei
伊比利亚半岛 Iberian Peninsula
伊比利亚山脉 Ibérico Mountains
伊德富 Edfu
伊尔茨河 Ilz River
伊福加斯高原 Adrar des Iforas
伊格尔 Eaqle
伊瓜苏河 Iguaçu River
伊瓜苏瀑布 Iguaçu Falls
伊基托斯 Iquitos
伊拉克 Iraq
伊利湖 Erie Lake
伊利诺伊州 Illinois State
伊泰普大坝 Itaipu Dam
伊图里 Ituri
易北河 Elbe River
因河 Inn River

印度河 Indus River
英吉利海峡 English Strait
犹他州 Utah State
幼发拉底河 Euphrates River
于塞 Ussé
育空堡 Fort Yukon
育空河 Yukon River
约讷河 Yonne River
越南 Vietnam
云泪湖 Lake Tear of the Clouds

Z

赞比西河 Zambezi River
赞比亚 Zambia
扎陵湖 Gyaring Lake
扎什伦布寺 Tashilumpo
乍得湖 Chad Lake
朱巴 Juba
朱迪斯河 Judith River
朱斯河 Joose River

书中插图系原书插图